ㄟ！菜鳥仔，凱瑞你斜槓，
開外掛，放大絕，職場求生攻略

劉里峰 著

職場菜鳥

打破框架，開創未來

ROOKIE IN
THE WORKPLACE

適應不喜歡的部門、處理閒置時間、應對困難工作、
融入團隊、與同事合作、辦公室禮儀、職業技能……

新人們常面臨的艱難問題，本書都能給出建議
菜鳥們也能在職場求生路上放大絕，斜槓出色！

U0068732

ㄟ！菜鳥仔
凱瑞你斜槓，開外掛，放大絕，職場求生攻略

目錄

內容簡介

前言

第一章　初入職場

第四章　人際交往

ㄟ！菜鳥仔
凱瑞你斜槓，開外掛，放大絕
|職|場|求|生|攻|略|

內容簡介

　　從小時候常談的夢想開始，一個關於未來職業的願景就已經根植在你的心裡。當你真正踏入職場時，便迎來了人生中一種新的生活。面對職場，你要如何快速適應？ 你要如何自我完善？ 你要如何在工作中實現你的夢想呢？

　　本書分為兩大板塊：第一大板塊是歸納整理職場新人初入職場時存在的一些常見問題及疑惑，進行相應的疑難解答；第二大板塊主要從職場禮儀、職業技能、職場人際關係等多個角度出發，把如何在工作和生活中完善自我，透過一些職場案例直觀地描繪出來，並且提出有效、可行的方法及建議。

　　每逢一年的畢業季，都有一大批學生離開校園，走進職場，這也是他們由此正式步入社會的一個標誌。職場新人面對這個充滿未知的全新開始，多數時候都是迷茫的，身邊的一切事物都有可能牽動內心那根敏感的神經。希望本書能夠幫助作為職場新人的你快速融入職場生活、打通職場人際通道，成功度過人生中這一重要的轉變時期，在職場中實現你的自我價值。

ㄟ！菜鳥仔

凱瑞你斜槓，開外掛，放大絕

|職|場|求|生|攻|略|

前言

　　時代的變遷速度令人驚嘆，從六年級生到七年級生，再到現今，職場新人大多成了八、九年級生，這股注入職場中的新鮮血液與以往年代的族群有了許多不同，部分八、九年級生為獨生子女，這樣一來，全家人的注意力和精力就集中在了一個人身上。作為沐浴著關愛長大的一代，八、九年級生與其他年代的族群相比，性格更為鮮明、活躍，富有想法和創意，主張自我，也更加願意突出自我，這樣一群人步入職場後，必然會加速推動時代的進步與發展，當然，也無可避免地會產生矛盾衝突，這些不肯安分的因素，為職場新人帶來了各式各樣的壓力，而這些壓力會變成一座座阻礙職場新人規劃、拓展自己人生及事業版圖的大山。想要順利度過人生的這一重要轉變期，迎來自己的華麗蛻變，必然要對自己的自身管理，對職場禮儀規範、技能與發展有一定的了解。

　　在壓力和衝突面前，職場新人——尤其是對於這樣一群有自我性格特點的八、九年級職場新人來說，到底應該如何應對呢？本書內容精簡，實用性強，透過一些案例、方法和技巧等，幫助職場新人應對這些問題，從而讓他們快速適應這一段充滿挑戰的關鍵轉

變期。

　　本書第一章從新人最關心的問題開始，例如「很難融入集體時該怎麼辦」、「工作不在狀態時應該怎麼辦」、「不被上司喜歡又該怎麼辦」等，針對這些常見的、會影響職場新人工作與生活的問題，進行相關的答疑，探討新人進入職場後在自我定位、心態調整等方面可能出現的問題及應對方法。本書的第二章到第六章主要針對新人存在的職場禮儀、工作技能、人際關係、自我完善、金錢管理這幾大方面的問題，提出一些關於職場工作的建議及方法。

　　現在許多圖書大都從較寬泛的概念來探討職場——或是從作者經歷出發，談論職場生活感悟；或是站在客觀的職場角度闡述職場生存技巧；而對處於特殊階段的職場新人，並沒有提出具有針對性的工作方法指導，也很少談及新人入職後存在的特殊心態。本書以職場新人在公司中面臨的實際問題為探討對象，從問題到辦法，從工作到生活，一步步引導讀者進行正確的職場認知，直觀闡明職場中的一些生存法則，使新人能夠迅速地進行角色轉換，正確對待激烈的職場競爭，讓讀者可以根據自身的不足，從書中找到對策。當然，讀者也可以根據自身興趣、愛好和需要來閱讀相關的章節。願本書能夠幫助讀者在短時間內形成清晰的職場認知，在工作中掌握主動權，提高工作效率，最大化實現自我價值，成功地開啟職場生活。

第一章　初入職場

　　莘莘學子走出青春洋溢的校園，迎來了人生的一個新階段——職場生涯。小時候常常藏在心裡的夢想將要在這裡實現了，生活中不能缺少的財富也要從這裡獲取了。作為初入職場的菜鳥，面對這一塊未知的生活領域，如何在其中迅速適應和成長，便成了許多人關心的問題。

　　那麼從現在起，放下對學生時代的留戀，整理好乾淨整潔的衣裳，精神抖擻地迎接人生中這一新的開始吧！

1.1 這些是你的困惑嗎？

　　初入職場，既會感到新奇，又難免會遇到一些共同的問題：工作上總是四處碰壁、人際交往中與同事處理不好關係、難於平衡自己的工作與生活……如果感覺到困惑，那是一件再正常不過的事情，你首先要做的，就是正視自己的「不夠完美」。

　　明白自己是不完美的，並且給自己時間來接受。與自我挑剔的心情取得和解之後，才能全心全意地處理工作上的問題。「瓶頸期」是每個人都會有的，職場中出現的問題也是各式各樣的：一不小心破壞掉公司的一筆生意，形象和狀態都很糟糕的時候來了一個重要的任務、同事掉的一根頭髮恰巧落進你的水杯裡……然而，變來變去，總歸離不開「人」和「事」二字，所以怎樣處理職場中的人和事，就是本章的重點。現在，就帶上困惑，邁出克服工作「瓶頸」的第一步吧（圖1-1）！

圖1-1　跨越「瓶頸期」

1.1.1 被分到不喜歡的部門工作，該怎麼應對？

畢業之後，工作成了大多數人生活的重要組成部分，就拿最常見的「朝九晚五」的工作來說，一天二十四小時，有三分之一都在工作中度過，如果是自己喜歡的工作，當然會樂在其中，若是自己不感興趣的工作呢？那就需要一點小訣竅，讓自己能「樂在其中」了。

常言道「人生不如意十有八九」，擁有一顆平常心，就是保持幸福快樂的祕訣。初入職場的新人少不了要服從上級主管的安排，作為接受安排的一方，難免會被分到自己不喜歡的部門工作，這時候，首要的就是保持一顆平常心，坦然接受，並且想辦法讓自己「喜歡」上這份工作（圖 1-2）。如果一開始就因為自己不喜歡，和工作成了「死對頭」，無疑會形成惡性循環：討厭工作──被工作「討厭」──更加討厭工作，如此下去，只會讓工作成為生活的累贅，又何談透過工作實現更遙遠的夢想呢？

圖 1-2　職場中的心態很重要

17

　　「喜歡」一份「討厭」的工作，其實就是要把負面情緒轉換成工作的動力。凡事都有利弊，負面情緒用得不好，就會隨著它「跌入低谷」；負面情緒用得好，就能化壓力為動力。這也算是一種逆向促動，在壓力之下沒有被擊垮，反而可以加速提升工作中的技能。想要從不喜歡變為喜歡，也不是件容易的事，要從自身的健康狀態開始，管理好自己的飲食和時間，讓自己保持在一個能輕鬆接受新鮮事物的「清醒」狀態，自然就能發現工作中的樂趣；實在喜歡不了當前的工作部門也沒關係，那就盡一切可能，快速掌握與工作相關的技能，爭取早日升遷，然後脫離「苦海」。

　　爭取升遷然後調走算是一種「被動中的主動」。還有一種更直接、主動的方式，就是直接跟上級主管說出心儀的部門或職位，把自己的需求「搬到台面上來」。天下沒有白吃的午餐，想要的，就努力去爭取，機會都是自己找來的。例如，沉寂多年的陳佩斯攜諷刺喜劇《戲台》在中國巡演，所到之處一票難求，這個是他「目前遇到的最好劇本」，這劇本不是他「等來的」，而是他積極地去「找來的」。所以，如果真的是自己很感興趣的部門，想要在其中好好發展並且相信自己能夠勝任，何不去「毛遂自薦」呢（圖 1-3）？

圖1-3　毛遂自薦，主動出擊

　　要是以上方法還是不能解決你的「低落」狀態，那麼建議辭職另尋他路，畢竟時間是很珍貴的，看似美好的青春年華，其實晃蕩幾下就沒了。

　　但辭職，說到底，還是一招「險棋」。真要走到這一步，不能不為以後的發展做好打算。如果只是因為不喜歡被分配的部門就草率辭職，那可真是「虧大」了，既失去了一個鍛鍊自己的機會，又要花時間和精力重新找工作，而下一份工作能不能稱心如意？也還是未知數。

　　不只是工作。生活中也同樣存在許多不如意。做不到聽之任之，就要主動去化解。網路上有這樣一句關於工作的警言：「一個有信念的人所擁有的力量，大於九十九個只有興趣的人加起來的力量」。所以興趣和喜好並非關鍵，勤於磨練、精益求精，才是走向成功的法寶。

1.1.2　手頭沒有工作，就這樣閒著嗎？

　　俗話說「工作不養閒人」。做演講的要拿出自己的 PPT、做行銷的要抓得住客戶、賣豆漿的要先磨好豆漿……不管從事的是哪一行，在工作中要有自己的績效，才算是「工作」（圖 1-4）。身在職場，有時候手頭上的任務做完了，而上級主管又沒有及時發派任務下來，這時是清閒地坐著等任務，還是自己主動去找事情做呢？參照開頭的第一句話，答案便一目了然。

　　在工作中，怎麼替自己「找事情做」也是一門學問。首先要量力而為，找對自己具有挑戰性卻又不會難倒自己的工作。就像讀書和考試，一個每次考試成績都只有十幾分的學生，想要一夜之間變成「學霸」考滿分是不可能的。每個人的學習進度的確有快慢區別，但學得再快，也不能「一

圖 1-4　工作要用績效說話

口吃成胖子」，於是，先訂定一個三十分的目標；等達到後，再向四十分邁進；然後五十分、六十分……穩步上升，最終變成學霸。職場新人也是這樣，要快速掌握職業技能，還得一步一個腳印地走。

　　作為初入職場的「菜鳥」，要想提升自己的職業技能，光埋頭

苦學就太「艱難」了一點，適時向一些職場前輩請教，既可以節省自己的時間，又能更加清晰直觀地解決問題。不要因為拉不下臉，就做「悶葫蘆」，把問題憋在肚子裡還是問題，不會隨著食物消化掉，趁這個「時間充足」的好機會，何不先下手為強，剷除未來工作中可能出現的障礙物呢（圖1-5）？

學會「找點事做」，不僅是為了不讓老闆「掃地出門」，更是對自己成長的鍛鍊，為了以後能「對付」得了更具有難度、強度的工作。

在工作中，如果只是為了薪水而混日子，不去努力創造學習機會，那麼最終得到的也只能是那點薪水，甚至還有可能被薪水

圖 1-5　有問題就問出來吧

「拋棄」。做一個主動的人，讓自己在工作中「忙」起來，則你的收穫將不光是薪水，還會有專門的技能和一段充實的時光。

1.1.3　很難融入集體，就這樣一個人做嗎？

在職場工作，不像跑步比賽那樣看個人成績，誰跑得比別人快就是勝利者。一間公司的營運就像一台精密的機器，缺少哪一個環節都無法運作，每個人雖然都在自己的職位上各司其職，卻也少不了與其他環節的人打交道（圖1-6）。例如一家生產 BJD 娃娃

(ball-jointed doll，一種球體關節人偶）的公司，其中就包括了原
繪師、人形師、設計師、製作、行銷等職位，每個人都有自己的職
位和任務，又需要彼此配合，這樣才能創造出有「賣點」的娃娃。
因此，在工作中，與人合作是必不可少的事情，如果無法融入一個
集體，就要找一找原因了。

圖1-6　在工作中學會與人合作，獲得共贏

　　有些人因為自身性格靦腆、不善交談，所以在工作團體中也習
慣沉默；或者是因為「過分張揚」而遭到同事的排擠，不管是何種
原因，無法融入到集體中就會為自身的工作帶來負面影響，看著別
人成群結隊而自己「單槍匹馬」，也不是一件愉快的事情。如果是
因為自身的性格原因，就得好好「磨練磨練」，首先應正視自身的
性格問題。

　　許多性格內向的人常常因為自己的這種性格而變得更加內向，
但內向和外向只不過是兩種不同的性格而已，大家在一起要互相學
習。外向的人活潑開朗，內向的人深思熟慮，兩種性格都很有特
色，內向的人要發現並且利用自己的性格優勢，多給自己一些鼓

勵，增加信心，切忌不要「走偏」了，不要讓自己在工作和集體中一路沉默下去（圖1-7）。

　　性格「帶刺」的，相對來說就輕鬆一點，只要記住收斂好自己的脾氣，虛心向人請教、學習，便很容易與同事「打成一片」了。如果實在按捺不住，就先學著保持沉默吧！良好的人際關係會為工作環境帶來正面效應，更會促進個人在工作上或生活其他方面的成長。

圖1-7　別讓「不合群」限制了你的工作與生活

　　如果融入不了集體，除了自身性格問題，也會有其他方面的原因，例如「集體」的排斥。水往低處流是大自然的自然規律，人卻難免「逆流而行」，因為「要往高處走」。這並不是什麼壞事，你有自己的獨特個性反而能增加個人魅力，只是身為集體中的一員，少不了要削弱自帶的「光環」，畢竟初入職場還有許多需要學習的地方，「三個臭皮匠，勝過一個諸葛亮」，一個再優秀的人，也敵不過一個「勉勉強強」的團隊。可以保留好自身難能可貴的獨特，卻也

要記住，別讓它「覆蓋」了別人的光芒（圖 1-8）。

圖 1-8　在集體中太「突出」，小心被孤立

　　工作和生活一樣，離不開人與人的日常交流、共同合作。生活中想要煮一頓豐盛美味的大餐，就得準備好肉類、蔬菜，更全面一點的，還要加上水果、點心、飲料，單純一盤蘑菇，顯然無法「撐場面」，要眾菜餚都各有特色，又齊聚一堂，才能形成一場美食饗宴，設想，如果蘑菇「不願意」加入宴席，那麼等待它的，就是被宴席中的人們遺忘。所以記住，不要讓自己成為工作中那盤「落單」的蘑菇。

1.1.4　被安排了棘手的工作，該怎麼辦？

　　有時候，人們會互相開玩笑，說要「知難而退」。乍聽之下也有些幽默感，可真正到了工作中也這樣做，無疑是在自討苦吃。逃避棘手的任務只會讓上司將你「打入冷宮」，而且自身也得不到發

展。了解過「跨欄定律」的人應該知道，一個人的成就大小往往取決於他所遇到的任務的難度，跨欄越高，跳得也越高（圖1-9），同理，工作中的困難程度越大，就越能磨練你的意志和能力。在工作中遇到棘手的問題或者被安排了棘手的工作，恰巧就是一個鍛鍊自己的機會，應學會理智客觀地看待、冷靜地思考解決問題的辦法，不懼挑戰、迎難而上，這才是正確應對的「王道」。

圖1-9　跨欄越高，跳得越高

　　遇到一個「高難度」問題時，先別忙著悶悶不樂。對周圍的上司、同事，凡是能幫上忙的、有空閒的，就上去問，不要太固執，覺得任務是派給你做的，怎麼能讓別人幫忙。任務的確要自己完成，可是，當一個任務超出了你的知識範圍時，不去向別人請教，不去尋找方法，只是一味地自己「瞎思索」，不僅無法完成任務，還會浪費更多時間。

　　應對困難，重在方法，貴在堅持。堅持到底的最佳實例可能就

是亞伯拉罕·林肯了，這位歷史上赫赫有名的美國總統，八次競選八次落敗，兩次經商失敗，甚至還精神崩潰過一次，這些都沒有讓他放棄，反而激起他更強的鬥志，終於在西元一八六〇年，成功當選了美國總統。

貧窮、相貌、坎坷的命運都敵不過人的堅持和信念。一個人之所以讓人覺得偉大，與其他無關，只展現在他「超凡」的精神上。

所以，在職場中，若能擁有堅持到底的信念，並真正地堅持下去，相信再困難的問題都是「a piece of cake」。

一個人克服困難的過程就是其成長的過程，跨過的「坎」越多，人的信心也會隨之成長。當一路克服過來，你會發現自己的承受能力也越來越強，當一個人不畏懼許多事情的時候，「氣場」也自然而然地降臨了。強大的氣場會幫你震懾住許多事情，也能幫你吸引機會，如此，又投入到一個良性循環中，這時候，再聽到「知難而退」這樣的話時，就真的可以當作玩笑，一笑而過了。

1.1.5 工作問題：同事找我幫忙，該答應嗎？

初入職場，工作中難免會需要別人的幫助，所以有同事找你幫忙時，當然也是能幫忙就別拒絕，畢竟要「互幫互助，團結一心」嘛！可是有時候，幫忙這樣的小事，也會成為工作中的困擾（圖1-10）。

　　幫忙，得看幫什麼忙。河流有急也有緩，事情也分輕和重。對於同事工作上的問題，給予幫助也要在不影響自己工作的前提下進行，畢竟你在上班，還是要以自己的工作為主。例如，職場中，小 B 剛進某間公司沒多久，本著「多

圖 1-10　幫忙還是拒絕？

做事，多幫助別人」的思路，要讓同事和上司留下好印象，可是他的「有求必應」讓那些同事變得「肆無忌憚」，大家有什麼問題都來找他，到最後小 B 答應也不是，拒絕也不是，自己的工作進度也受到了影響。所以要避免成為職場上的「濫好人」，要讓你的幫助沒那麼廉價。

　　幫忙時除了看「事」，還得看是什麼人。有時候，麻煩的往往不是問題本身，而是帶來問題的這個人。譬如：工作時，同事讓你幫忙找一些簡單的資料。一次兩次倒也無妨，假若對方總是要尋求你的幫助，就顯得不太對勁了，許多職場新人因為自己是「新手上路」，所以對於這樣的「老司機」敢怒不敢言，殊不知，越是這樣寬容，越會助長別人的依賴心理，可能會引起一些不必要的麻煩（圖 1-11）。

圖 1-11　學會「看」人幫忙

　　不管對人還是對事，都不要讓幫忙「綁架」了你的情緒和工作，在學會幫忙的同時，也要學會拒絕，因為幫忙是你的權利，而不是你的義務，但拒絕幫忙的話也不要太直白、鋒利，以免傷了同事之間的和氣，畢竟同在一片屋簷下，抬頭不見低頭見。處理人際關係這種事不像做選擇題，是非對錯都清楚、分明，它沒有一個既定的公式，只能在一個大原則之下自己去摸索和分辨。對於幫不幫忙，Yes 和 No 雖然是最簡單的答案，卻也是最難駕馭的語言藝術。

1.1.6　周圍同事都在加班，我該留下來嗎？

　　職場工作中常會遇到已經下班，但辦公室裡的「工作狂」還是堅守著電腦不放的情形。這時候，身為職場新人的你可能就尷尬了：不走，可是已經下班了，工作也完成了，並不想加班；走，自

己才剛進公司沒多久,別人都在加班,就自己走了也不太好意思,不想成為公司的「異類」。走也不是,留也不是,怎麼解決這個問題就成了一個問題(圖 1-12)。

圖 1-12 同事都加班,自己要不要先走?

有調查數據顯示,百分之三十的受訪者表示自己經常延遲下班時間,工作日天天加班的達到百分之十八,而百分之六十三的網友都表示同事的加班會讓自己「很有壓力」。由此可見,同一片屋簷下,個人很容易受到環境的影響,職場新人從學校過渡到職場,正在經歷一個適應的緩衝期,手頭上的工作往往不多,而且較為簡單,完成自己的工作後,看到別的同事都在加班,如果一味猶豫著要不要走,只會浪費更多的時間,不如思考一下自己留下來可以做些什麼(圖 1-13)。

圖 1-13　你的加班有意義嗎？

　　在工作中，每個人的工作任務不盡相同，即使同樣的工作，個人完成速度也存在差異（圖 1-14）。如果你速度慢，下班還沒完成任務，那麼下班之後和同事一起加一下班也無妨，而且除了完成工作，還可以自己找找工作效率不高的原因；如果你速度中等，但下班之前恰好完成了任務，便可以利用這段「隨波逐流」的時間規劃一下明天的工作，收集好相關資料，讓明天的工作速度比今天更好、更快；如果你屬於「速度達人」，那麼先恭喜你，但是這個下班就走，甚至在下班前五分鐘就收拾好東西，無疑會讓老闆和同事對你「另眼相看」。雖然沒必要「看同事什麼時候走，你就什麼時候走，和同事保持絕對的同進同退」，但下班之後留幾分鐘再走總是不錯的，藉由這個時間審查一遍自己的工作，保證快而精確，看看自己在工作中存在哪些「疑難雜症」，找出來並解決它。

職場新人需要正視「加班」這一概念，並不是說經常加班的人就是很勤奮的人，也不是說不加班的人就是懶人，加班是根據自身需要而定的。如果你加班只是為了和同事步調一致，自己卻無事可做，這樣強行地把自己留在公司，首先自己心理上也不舒服，其次，讓別的同事看到你以加班的名義坐在那裡無所事事，說不定還會對你產生誤會。

圖1-14　每個人的「時間表」都不一樣

無論是不是主動加班，應當在自己身體所能承受的範圍之內，讓「加班」對自己或是公司具有意義。至少你要知道你沒有白白浪費時間，而這些認真、努力過的時光，終將變成你工作中一點一滴的經驗和閱歷，讓你遇到一些所謂的運氣。從這點上看，正確地加班還是有其好處的。

1.1.7　公司人事流動頻繁，我是走是留？

現在八、九年級生已經成為職場新人的主力軍，這一代人對新事物的接受能力較強，在審美觀和價值觀方面也與前人有很大的不同，主張自我、崇尚自由是廣大「八、九年級」群體的特徵。在職場中，這樣的特徵展現得比較明顯：覺得工作環境糟糕？換！有

更好的發展空間？換！看公司裡誰不順眼？他不走我走！諸如此類，在追求自由與夢想中頻繁「跳槽」。同樣，作為職場新人的你，面對公司裡人事流動頻繁的情形，肯定也在思考這個選擇題：到底是「順應潮流」申請離職，還是堅守職位留下來呢？

有這類問題的職場新人一般處在對現任工作「滿意又不滿意」的狀態，看著公司的人來來去去，自己也在「去」和「留」之間搖擺不定。

公司人員流動大，不外乎以下這幾個問題。

1. 薪資待遇低。

2. 沒有濃厚的企業文化氛圍。

3. 缺少晉升和發展的機會，藝文、體育、娛樂活動也較少。

想一想這些問題有沒有比較切中你內心的，問一問公司裡其他即將離職的同事離職的原因。如果漫無目標，看著別人走你也走，「人云亦云」，只會讓自己的職業道路越走越「凌亂」（圖 1-15）。

薪資算是衡量一份工作價值最直觀的標尺了，它在很大程度上決定了人們在職場中的去留，涵蓋的因素也較為廣泛，後面會有一小節專門來聊聊「薪資」的那些事，現在就假設已經排除了工作薪資的問題，看看第二個問題：關於公司企業文化的問題。

圖 1-15　不要讓你的職業道路越走越亂

　　企業文化之所以會被八、九年級職場新人關注的原因，是因為企業文化在很大程度上決定了一個企業的「思想和靈魂」，代表了企業的價值觀和特點。人們找朋友都喜歡找能和自己「臭味相投」的人，選擇企業文化也是一樣的，能在很大程度上影響一個人的好感度，例如，海爾集團的核心企業文化是「創新」，具有創新精神的求職者都容易被其企業文化所吸引。那麼，公司的企業文化是否跟你個人的價值觀「不謀而合」呢？

　　工作不光是為了一份薪水，在工作中的發展和成長才是最難能可貴的。當你選擇爬一座山時，重要的不是目的地，而是沿途的風景，收穫沿途風景的過程，就是增加自身經歷和鍛鍊的過程，登上山頂後，最令人們感慨的也是這一經歷的過程（圖 1-16）。你現在的工作能不能為你帶來這樣的經歷呢？能不能給你一個發展空間，發掘出你最大的潛力？最重要的是，你希不希望在工作中有

發展的空間，並且透過不斷磨練獲得成長？如果你的回答是「可以」，那就不要管別人是走還是留，不需要去羨慕那些離開之後得到更好發展的人（也不需要去同情那些離開之後更加落魄的人）。同樣一條路，每個人都能走出不同的結局，他人的選擇不能代替你的選擇，你需要做的，就是確定你自己選擇的路有沒有走錯。

圖 1-16　走過的路就是你的經歷

　　提到對與錯，許多人都習慣將它們與成功和失敗綁在一起。例如一個人在從事電腦行業時，事業發展平平，還經常拖工作的後腿，當他轉行到建築行業後，個人能力卻凸顯出來，整個人從工作態度到工作發展都有了很大的進步。在大眾的評判裡，此人在電腦領域是失敗的，但在建築行業卻獲得了成功，根據「成功了就是對，失敗了就是錯」的觀點來看，這個人進入電腦行業就是一個錯誤的決定。事實上真的如此絕對嗎？即使是錯誤的領域，也不可能讓人毫無收穫（除非你什麼也不想學），況且大多數人轉行前後

都不會有這麼鮮明的對比。成功不是轉個行就能輕鬆獲得的，最終還是要靠個人的努力。這段話的目的，並不是要你留在一個錯誤的領域中，旨在客觀、理性地評價你的工作。

「你想改變世界，還是想賣一輩子汽水？」這是賈伯斯邀請百事可樂總裁約翰·史考利加盟蘋果時所說的話，結果這位在百事非常成功的約翰，到了蘋果卻表現平平。好的工作不一定是別人眼裡的最好，也不僅限於引領「世界潮流」的五百強企業。對於個人來說，好的工作是適合自己、甚至可以發掘自己潛能的工作。去問一問那些即將離職的人為什麼要走，這樣也可以幫助你更好地認識自己。如果別人離職的想法和你的不同，例如他人辭職只是因為有了更好的發展而選擇跳槽，或是因為個人家庭、人際關係等因素，而你沒有這類困擾，為什麼也要猶豫去留呢？不如在自己規劃的職業道路上一心一意地走下去（圖 1-17）。

圖 1-17　適合自己的才是最好的

　　天下無不散的宴席，聚散離合每分每秒都在不同的地方上演。面對風起雲湧的職場，在人來人往中，你的存在有沒有被你自己賦予意義呢？

1.1.8　要向上級匯報工作嗎？ 如何匯報？

　　作為職場「菜鳥」，要想在工作中做出一番成就，就必須先得到上級主管的賞識。你的形象氣質、人品才藝等都是加分項。但說到底，上級主管最關心的還是你的工作業績。主管的行程通常安排緊湊，沒有多餘的時間和精力詳細過問你的工作情況，因此，主動向上級匯報工作是不可缺少的。許多人覺得向上級主管匯報工作就

像小時候交作業給老師，隱約存在著一種忐忑不安的心情，其實，你與成功引起注意的機會只差一個匯報工作的方法之遙了（圖 1-18）。

　　要匯報工作，基本的禮貌用語、打招呼是少不了的。看起來像是廢話的語言，卻是必不可少的，就算聽起來客套，也比生硬地直接開口要強，還會在無形中提升個人的形象。打過招呼之後，就開始進入談

圖 1-18　匯報工作也有方法

話的重點──匯報工作了。

　　上級主管的時間是有限的，因此匯報工作時要先做到簡明扼要，讓主管在最短的時間內知曉前因後果和輕重緩急，對匯報事宜有一個大致了解。要做到這一點，必須在匯報工作之前就先將內容整理一遍，做到心中有數，也能在匯報工作時有的放矢。就像求職者在面試之前先整理好自己的儀容儀表，在匯報工作前先組織一遍語言，就是在替語言「打扮」（圖1-19），目的都是為了讓主管留下一個良好的印象，做到「不打無準備之仗」。

　　職場中存在一條隱形的「生物鏈」，站在頂端的無疑是Boss，然後是一級級的管理階層，最底下的就是作為新手入門的職場菜鳥。職場新手如果想要「鯉魚跳龍門」，越級匯報工作，可就真是自討苦吃了。

圖 1-19　事先在大腦裡組織好語言

　　例如，職場中的小 C 就犯了這個大忌，儘管他的工作匯報得很出色，最後卻遭到了上級主管們的「集體封殺」，聽匯報的主管認為小 C 沒有章法和原則，急功近利；而被「冷落」的直屬上司也難免對小 C 產生誤會，覺得他喜歡拍馬屁、趨炎附勢。希望獲得賞識本身是一件好事，但也要用之有道，向正確的人匯報工作，才算是

良好的工作匯報。

　　主動向上司匯報工作，能夠及時得到相關的建議與回饋，對自己的工作也是有好處的，學會匯報工作，不僅是工作的一門技巧，更是一種與人交談的藝術（圖 1-20）。要勇敢一點、細心一點，整理好自己的形象，精神抖擻地去匯報工作，該出手時就出手！

圖 1-20　匯報工作需要語言的藝術

1.1.9　薪資太低，我該另尋他路嗎？

　　薪資算得上是廣大上班族關心的頭等問題了，職場新手也好、老手也罷，這個「活命」的本錢都不能丟。身為職場新人，剛進公司時薪資通常不高，許多「菜鳥」剛進職場都是「拿最低的薪水做最累的事情」。

　　這時候，先別急著另尋他路（圖 1-21），而要先問自己幾個問題：我現在最需要的，是賺錢養家還是獲取工作經驗呢？

　　需要賺錢養家，而目前工作薪資太低，達不到自己所需的，就趕緊撤；需要工作經驗，而目前工作能為你帶來發展和機遇，就別管那麼多，趕緊磨練出自己的技能；而最麻煩的情況是——既需要賺錢養家，又需要工作經驗，而目前工作只能滿足後者，那就接著往下回答問題吧。

圖 1-21　分岔路口，如何做選擇？

目前的薪資能滿足我的日常開銷嗎？

每個人因消費觀念、生活環境等因素的影響，對金錢的概念和物質需求不盡相同，一般來說，職場新人的「標準」薪資只能滿足基本的生活需求。當你的薪水還追趕不上夢想的生活標準時，那就先降低標準，好好奮鬥吧（圖 1-22）！

圖 1-22　暫時拒絕奢侈品、高消費

ㄟ！菜鳥仔
凱瑞你斜槓，開外掛，放大絕
|職|場|求|生|攻|略|

　　要是你既捨不得降低生活品質又放不下工作，魚和熊掌都想「兼得」，請接著做問答題。

　　除了做好本職工作外，我還有時間和精力賺一些外快嗎？

　　想要高品質的生活是一種人生追求，本身沒有好壞之分，問題是，想過高品質的生活也需要付出相應的代價，作為職場新人的你能不能承受、願不願意去承受這個代價？如果願意，賺外快就是增加經濟來源的首選（當然，如果你獨具慧眼，也可以選擇做點投資），比如利用週末的時間去照相館幫人拍拍照、去甜品屋打工做糕點……依照個人興趣愛好來選擇，這樣既增加了收入，為你的高消費生活打下了扎實的基礎，又充實了自己的時間，為生活平添一抹新鮮和趣味。

　　但是，如果你拿著低薪資過高消費的生活，休息時間又不想繼續忙碌的話──別急，還有最後一個問題呢！

　　目前工作的薪資待遇是我將要從事的這類工作中最好的嗎？

　　這其實就是在一定範圍內選一個最好的平台。既然薪資不能滿足生活需求，又沒有其他收入，那就只能在有限的行業內選擇最好的平台了。這就需要將行業的相關工作仔細篩選一遍，最大化地收集、了解相關情況，以確保能夠「一勞永逸」。當然，這也需要承擔一定的風險，萬一被現任 Boss 發現，難保不會「吃不完兜著走」，而且，對職場新人而言，要找到一份既能滿足高消費，又能提供良好發展前景的工作並不容易。

1.1.10　職業倦怠了，該怎麼辦？

　　工作不在狀態，這種情況每個職場人都會遇見，不光是職場，放大到一般人的生活中去，這種疲憊狀態似乎「遍地都能開花」（圖1-23）。「蛋黃哥」「好累喔！不想上班」的名言曾經流行一時，為什麼？因為「頹廢」呀！這切中了許多職場工作族群的心理狀態，在工作中累得「山崩地裂」，突然來了一張這樣慵懶的貼圖，加上蛋黃哥外型討喜，大眾表示深有同感的同時，紛紛效仿起這種「頹廢風」，甚至有網友說「人生最大的享受莫過於當『蛋黃哥』」。往沙發或者椅子上一躺，目光放鬆到空不見一物，就兩個字——「舒服」。

圖 1-23　職業倦怠，你有辦法應對嗎？

　　雖然讓人「羨慕嫉妒恨」，但真正到了工作中，想要這樣懶懶地躺著，顯然不可能，當工作進入「倦怠期」時，要怎麼調適呢？很多職場新人剛進公司，面對高強度的工作或陌生的環境，會出現

許多不適應的情況，因而產生倦怠感，可分為兩類情況：生理疲勞和心理疲勞。

生理，即我們的身體。看手機、看電腦時間久了，自然就會出現眼睛乾澀、頭暈眼花等症狀，這是身體在對我們發信號：該休息了！在工作中出現此類狀況時，最好及時暫停，起身活動筋骨、看看窗外的綠色植物、為身體補充一點水分（圖 1-24），但有些公司會明文規定不能隨意走動，這時可以坐在自己的位置上做做眼保健操。除此之外，在工作之餘，也可以多多健身。如果自己的住處與公司距離不遠，便可以走路上下班，在節省車費的同時，也進行了鍛鍊。總之，「健康是最大的財富」，要時刻關注自己的身體狀況，積極消除疲勞，先有一個好的身體作為基礎，才能再談應對職場中的那些「風霜雪雨」。

心理，即我們的心靈。人的情緒多變而又複雜，它影響著心理狀態，在它的背後是一片神祕而廣闊的世界，想要探索釐清如絲如線的情緒來源並不是件容易的事情，但調節情緒的小竅門還是有不少的。在工作中，如果感覺到「心累」，可不光是「走兩步」就能解決的。對策因人而異，可以試著養一些小巧可愛的綠色植物，放在辦公桌上，諸如仙人掌、網紋草等，淨化空氣的同時，也淨化了心靈。感覺累了就轉移注意力，多想想開心的事情，甚至還可以幻想一下未來的美好生活。

圖 1-24　記得及時補充水分

　　不管是身體還是心靈，如果在狀態外了，其實只有自己知道，應學會及時為不在狀態的自己注入新鮮的活力，調節自己的工作和生活狀態，爭取不當日日加班的工作狂，也不當醫院裡痛苦不堪的患者。工作再重要，也切忌過度「消耗」自己（圖 1-25）。

圖 1-25　拒絕消耗自己，為自己注入正能量！

1.1.11　工作後，又想考研究所怎麼辦？

　　工作和讀書是一對感情親密的孿生兄弟，許多人在步入職場後，又萌生了一個新的想法——考研究所。讀研究所可多學知識和獲得高一等的學歷，一部分人還可憑藉碩士學歷增加就業機會，並為將來的升遷提供條件。考研究所的益處很多，但是，一邊工作一邊考試太累了，怕考試會分散工作上的精力，又怕這樣一直工作下去人生沒有轉機，兩樣兼顧也很有可能最後兩樣都荒廢……那麼到底該繼續工作，還是去深造學習呢？

　　研究生階段的某些知識的確是大學學不到的，譬如一些學術鑽研、研究過程等，有時在開發、技術上也會有一些收穫，還有可能獲得意想不到的人脈，甚至是愛情。當然，你也有更多玩的時間，相較於時間固定、一板一眼的工作，考研究所彷彿帶你回到了大學時自由的日子（雖然你可能不會再像大學時那樣玩耍了），取得碩士學位後再找工作，也有了更高的起點。如果目標明確、個人沒什麼負擔、知道自己在做什麼的話，可以選擇考研究所這條路（圖1-26），就怕你既有個人負擔，又感到前途迷茫。

圖 1-26　考研究所——知識就是「力量」

　　讀研究所是給自己一個機會，可以靜下心來仔細地深入學習某方面的知識，是去學校，用一大筆錢聽一個教授花兩到三年的時間對一群「孩子」孜孜不倦地教誨；而工作，是把修煉糅合在日常勞動中，同樣，工作上的經驗與閱歷也是讀研究所讀不出來的——除非你找的是那種清閒安逸、不用費什麼腦細胞的工作。其實，無論是考試還是工作，都是一種錘鍊自己的成長過程，它們就像一把雙刃劍，各有利弊。而站在公司老闆的角度上看，能帶來效益的才算是好員工。

　　考研＋工作＝雙重壓力，在職學生要一邊討生活，一邊為了未來而苦讀，從校園到職場，從職場到校園，需要在財務上、精力上做好分配，要能快速自如地切換自己的身份。白天打拚、夜裡苦讀，這樣的生活也許很刺激，讓人很想在年輕時任性一把，可是，如果個人不結合自身的身體狀況、經濟條件等因素就輕舉妄動，結

果往往令人難以承受。不過，假如你有足夠的把握來平衡地運用自己的時間和精力，倒是可以用這種壓力來逼迫一下自己（圖 1-27）。

考研究所之後獲得的不僅是一份通知書，還是一份對自己奮鬥的慰藉，至於工作後要不要去唸研究所，完全取決於

圖 1-27　讀書＋工作，你能夠平衡嗎？

個人的心態。如果你覺得自己適合冒險也願意冒險，就不要再在讀書還是工作中舉棋不定，應立刻展開行動，著手訂定計畫，抓住當下的時光，給自己一點「希望」，給自己一個逆向生長的空間，給自己一份難以預知的可能。

1.1.12　不討上司喜歡，怎麼辦？

努力工作、努力讀書了，卻不討上司喜歡？ 這就是問題了！上司主宰著職場工作中的「生殺大權」，不能爭取到上司的青睞，至少也別讓上司討厭你。也許有人覺得自己與上司「磁場不合」，沒必要曲意迎合、委曲求全。當然你這樣想，應該已經提前寫好一封辭職信了。如果你真的很喜歡現在的工作，而上司卻對你相當「感冒」，甚至還有「嫌棄」你的現象，就該好好思索思索了（圖 1-28）。

圖 1-28　你和上司之間存在距離感嗎？

　　首先，上司對你有了先入為主的成見嗎？如果有，你最好的做法不是躲到深山裡，而是更加努力地進步，讓你的上司知道那種成見是子虛烏有的，如果你繼續漫不經心，在上司眼裡就成了自暴自棄，某種程度上恰恰證明了他的成見是正確的。如此一來，結果可能只會是走人或者被「冷藏」了。

　　其次，看看自己的工作。不是光有效率就夠了，比起個人能力，許多老闆更看重個人的道德品質，這展現在你對工作的態度上。例如職場新人小 A，工作能力沒得挑剔，每天的任務都能提前完成，但是，他工作完了之後不僅沒有繼續學習、鍛鍊自己，反而還喜歡干擾別人的工作，上司勸告無果後的第二天，小 A 就被「請」出了公司。這樣活生生血淋淋的例子還有很多，也許你的身邊正上演著真實的一幕呢！至於那些既沒有效率又喜歡在工作中

偷懶的，就更不用說了（圖1-29）。

最後，你「討厭」你的上司嗎？許多人聽到「如何討上司歡心」這個問題時，都會有種在阿諛奉承的感覺。但是換一種情景，人們可能就不這樣想，例如一個男生問「怎樣討心儀的女孩喜歡」，人們就不會有阿諛奉承的感覺，反倒會覺得浪漫和甜蜜。

所以換個角度看問題，就能夠得到不同的結果。有時候是你自己主動「疏遠」了上司，而不是上司和你產生距離感。

圖1-29　上司滿意你的工作態度嗎？

想要獲得上司的青睞，或是不想被上司討厭，就需要端正自己的心態。不用刻意「討好」上司，但至少也要破除心裡那道牢固的屏障。撇開工作回到生活，上司也是一個需要柴米油鹽醬醋茶的普通人，和你我一樣，在生活中阻礙你和上司溝通的，也許是你心裡那道「上下級」的坎。應在做好本職工作的同時，調整好自我心態（圖1-30），慢慢來，從現在開始改變還不算晚。

圖 1-30　去擁抱一個積極、陽光的心態

　　其實，工作本身是不累的，累的是要平衡工作中出現的各式各樣的情緒，不管是上司還是同事，抑或是自己。為人處事涉及了各方面，在人與人的交往中，也的確存在著「磁場」一說，你若是覺得無論怎樣相處都與上司「磁場不合」，不妨專心致志地沉浸到自己的工作中，對於上司，不用刻意獻媚討好，所有的事情，盡自己所能就好。

1.2　職場加油站

　　初入職場時，感覺一切都充滿了新鮮與生機；等真正進入職場，過了一段時間，又會感覺「風蕭蕭兮易水寒」，怎麼與工作相處，怎麼與人相處，怎麼平衡自己的工作和生活……當各式各樣的問題在身邊堆積起來時，就要尋找適合自己的、能迅速掌握工作竅

門的技巧，盡快脫離工作瓶頸期的桎梏。

　　不管現在的你是充滿了鬥志還是在負重前行，先停下腳步，為自己「加點油」吧（圖 1-31）！

圖 1-31　為你的職場生活「加點油」

1.2.1　職場新人這樣快速「斷奶」

　　斷奶期是一個嬰兒從以母乳為唯一食品過渡到使用母乳以外的食品的一個過渡期。職場新人進入公司，面對的都是嶄新的環境和人際關係，從依賴到獨立，這也像嬰兒的斷奶期一樣，需要一個過渡。而能夠快速適應全新的環境，從這段過渡期中脫離出來，就是走向工作獨立自主的標誌，也是個人工作能力的表現。那麼，職場新人如何快速「斷奶」呢？

　　每個到職的員工都有自己相應的職位，能夠快速適應並掌握自己的新工作、在工作中取得效益，就是「斷奶」的重要關鍵。要清

楚自己在工作中扮演的角色（圖 1-32），並且在工作中形成自己的個人特色。光把自己淬鍊成金子還不夠，還需要有人發現你的價值，這時，我們就需要適當地表現自己，畢竟主管沒有太多時間和精力來注意你。對於職場新人來說，全新的形象就是勤快的腿腳、踏實的做人原則、勤奮好學的態度，這些會成就你在主管和同事中的好口碑。

　　勤快和踏實對自己的工作發展好處多多，還順帶滿足了不少人的擇偶要求，算是一件「大功德」。勤快踏實是一方面，謹言慎行也不可少，並且力求做好每一件小事。但既要埋頭苦幹，又要小心說話，會讓不少人覺得極大地「修剪」了自身的個性。其實，只要學會「延伸」，就很好辦：既然工作有工作的規定，個人就要扮演好相應職位的角色，但工作不是人生的全部，在工作之外的時間裡，參加一些自己感興趣的團體或是活動，釋放自己個性的同時，也會為生活增添活力。

圖 1-32　找到自己在工作中的定位

ㄟ！菜鳥仔
凱瑞你斜槓，開外掛，放大絕
｜職｜場｜求｜生｜攻｜略｜

勤奮好學對於職場新人來說是十分重要的，這種態度也與新人的身份相符合（圖1-33）。

不進步就是在退步，因為你的時間又往前移了一格，而你的知識還留在原地，在你的知識追不上時間的腳步時，別人卻能迎頭趕上，甚至跑在了時間的前面。當然，學習也得

圖 1-33　學習，累積工作知識

對症下藥，要知道自己不知道什麼，才能去把「不知道」變成「知道」，盲目的學習一旦偏離了目的地，只會讓自己在錯誤的道路上越走越遠。

學習也要有方法，剛開始接觸工作時有許多地方不懂很正常，這時可以盡量多問問同事，也順便學習一下他們的解決方法，但一兩個星期之後，就得減少「問題」了。同事不同於同學，除了單純地互相幫助，還存在著一種競爭，職場新人要學會自己去找解決問題的辦法，而不是依賴於同事。網路極大地方便了人們查找資料，對於你不懂的部分，就上網搜尋，在實踐中獲得真知。

有人群的地方就有圈子，職場上的圈子更是大大小小、錯綜複雜，不諳世事的職場新人可以先享受一段「只與工作當朋友」的清爽日子，不捲入工作組織的是非之中，既可明哲保身，不用去處理

太多複雜的人際關係，也為自己節省了一筆時間財富（圖 1-34）。

圖 1-34 遠離工作是非，專心做自己的事

　　每個人心中都有一把衡量自己的標尺，在一天的工作中表現是好是壞，自己的內心最清楚。當結束一天的工作時，問問自己今天做得怎麼樣，再想一想明天要完成哪些任務，對工作進行歸納和整理，會為你提升工作效率。當你發現自己有所進步時，就是一個好的開始。只要繼續加油，未來的你會感謝現在努力的自己！

1.2.2　到職一個月，你學到了什麼？

　　到職一個月，算是工作上的一條分水嶺。一個月前，你還是工作的「門外漢」，到職一個月，最重要的是要清楚自己的職位職責和任務目標，並盡快進入狀態。那麼，經歷了一個月的工作，你學到了什麼？你應該學到什麼？你又能得到哪些收穫呢（圖 1-35）？

圖 1-35　工作一個月，你有哪些收穫？

　　一個新的環境必然會為人們帶來新的體驗、新的感受，工作也可以帶來新的人際關係、新的壓力和動力，無論好壞，都難能可貴。在工作中體會到的那些酸酸甜甜的心情、成長的過程，以及抗壓能力，都會成為人生中一筆寶貴的財富。對於職場新人而言，工作是一個全新的開始，不管這個新的開始給了你什麼樣的衝擊，都應先努力去適應新的環境。「食緊弄破碗」，如果急著改變，或是想要馬上做出一番成就，讓大家刮目相看，只會讓自己得不償失。

　　工作一個月，最明顯的收穫應該是掌握了工作技能，如果已經工作了一個月，你的工作卻還是沒有什麼起色，不懂的問題依舊不懂，對於一些基礎性的意外狀況也毫無對策，這時，你就需要進行自我反思，找出困擾你的原因了；如果很努力，進展卻還是很慢，那麼你的任務就是尋求突破。在攝影藝術中，有一種技巧可以讓畫面從虛到實，呈現出一種獨特的畫面感（圖 1-36），工作也是這

樣，從無到有，靠的是慢慢累積。先端正自己的心態，再開始投入到工作中，竭盡所能去學習相關的專業技能與知識，也可以去看看那些比較優秀的同行是怎麼做的。

圖 1-36　攝影中的從虛到實

　　進入公司一個月了，你有沒有獲得自豪感和榮譽感呢？ 你加入了公司這個大集體，有沒有感覺到榮幸、自己很幸運地成了其中的一員？ 如果沒有，那麼你個人在工作中的精神狀態和工作效率也不會好到哪裡去。公司是你工作的環境，除了工作中的物質環境，還有一種由人際關係組成的心理環境，如果你對自己的工作環境並無好感，那麼你可能需要想一想，有哪些方面阻止了你對公司（甚至對工作）的熱情，能否有解決的辦法，盡量將自己的狀態調整回來。具有榮譽感和工作熱情意味著你對自己的工作有較高的滿意度，適應和掌握一份工作自然就沒那麼困難。如果你非但沒有這種集體榮譽感，反而還無比厭惡，那麼你肯定已經在打算走人了。

ㄟ！菜鳥仔
凱瑞你斜槓，開外掛，放大絕
｜職｜場｜求｜生｜攻｜略｜

　　除了公司和工作帶給你的新收穫和體驗，你還有什麼意見和建議可以回饋給公司的嗎？ 例如，你有沒有弄清楚公司的各項薪資福利、具體是如何執行、還有哪些制度可以改善？ 你在工作中遇到的問題有哪些是可以由公司來完善的？ 你希望公司能為你提供哪些發展平台等等。不要認為自己是新人，所以不好意思說。只要言語誠懇、提出的內容有所建樹，相信你的主管是願意採納的（圖1-37）。

圖1-37　能發現問題，並且及時回饋

　　不少人到職一個月，每天都不知道做些什麼，當然也不會有什麼收穫。不要混日子得過且過，應該學著在工作中成長起來。尼采說：「人的一生不是父母的續集，也不是兒女的前傳，更不是朋友的番外，而是自己人生的主角。」這句話在工作中也同樣適用。

1.2.3　工作，究竟是為了什麼？

　　工作究竟是為了什麼？ 活著究竟是為了什麼？ 宇宙之外是什

麼？⋯⋯這些問題就像「我是誰」一樣，看起來很好回答，其實問題本身深奧極了。

例如問「我是誰」，只是回答名字嗎？你可以叫這個名字，他也可以叫這個名字，名字只是一個「代號」而已，而不是個體本身。「我是誰？」顯然是在問「更深層」的你、代號之外的你，你完整的性格、意識、行為等等，正是這些，讓個體變得獨特，而不只是單純一致的人類個體。同樣，「工作是為了什麼」也不光要回答工作是為了薪資，雖然薪資在工作中不可或缺，但是只為薪資工作，並不是「工作」本身的意義（圖 1-38）。

圖 1-38　人們為了什麼而工作？

每個人對於「工作」都有不同的看法，工作和鏡子一樣，能夠映照出個體的模樣，對於工作有哪些期待、有怎樣的看法，就是個人自身的投射。

把工作當興趣的人，會極力尋找與自身興趣相關的工作，這份工作就從側面反映了個人的特質，例如，一個從小就喜歡唱歌的

人，長大後追尋夢想當了一名歌手，就是把自己的興趣與工作結合在一起，讓工作成為一種人生樂趣。

常常能在電視或是網路等傳媒上看到一些能人、大咖關於成功學的演講，這些人讓一票民眾羨慕不已：或是有車有房腰纏萬貫，或是有名望有魄力能「呼風喚雨」，亦或是「學富五車，才高八斗」……反正就是人群中的佼佼者，似乎生來就帶有超能力。

許多人感嘆自己命運坎坷的同時，卻忘了別人其實「台上一分鐘，台下十年功」（圖1-39），成功是一個不斷累積的過程。

所以，在工作中只有持之以恆地累積，才能真正磨練出一技之長。當你確定了自己的職業道路後，就應堅定地走下去，用三年、五年、十年甚至更久的時間，把你的職業技能鑄造成一把精銳而鋒利的寶劍，讓你在職場中所向披靡。這時，工作帶給你的，或者說你賦予工作的意義，就變得清晰可見了，透過工作，你獲得了技能、閱歷、堅毅的特質，以及你預知不到的一切可能。同理，那些能人、大咖之所以成功，就是因為他們能夠堅持這種不算竅門的「竅門」。

「打通屬於自己的人脈」、「建立有效的社交圈」這類話題在職場中屢見不鮮，熱門程度可見一斑，關於工作的另一種意義便這樣「現身」了。

從小到大，我們都離不開與人打交

圖1-39　台上的精彩，台下的磨練

道。小時候在學校裡與朋友分享一根棒棒糖，長大了，在工作中與同事聊一聊生活與夢想，透過選擇，形成屬於你的社交圈（圖1-40）。而工作，可以拓展你的社交圈。

圖1-40　工作讓人們形成自己的社交圈

　　不一定非要「有價值的人脈」才是一段好的社交關係，李嘉誠、賈伯斯也不可能出現在每個人的交友圈中，能找到與自己共同進步的工作夥伴就已經很好，透過工作，你們互相熟悉、互相配合，然後能共同進步。娛樂圈中有許多著名的搭檔，例如周杰倫與方文山，一個作曲一個填詞，倆人默契十足，在為聽眾帶來許多優美動人音樂的同時，這對黃金搭檔也透過合作，將彼此的事業推向了巔峰。

　　現在再回到引出這些文字的問題根源——工作，究竟是為了什麼？

　　帶來薪資？成為人生樂趣？能夠磨練一技之長？幫助建立個

人的社交圈？ 這些都可以成為工作的原因，也可以都不是。

　　就像人們同在一片天空之下，每個人卻有各自的人生道路。沿途的風景只有自己知道，一路上的酸甜苦辣也只有自己清楚。至於為什麼工作，最終只有自己才能找到答案。

第二章　辦公禮儀

辦公禮儀涵蓋了個人形象、電話、接待、會議、公關、溝通等各式各樣的禮儀，它不僅是對同事的尊重和對公司文化的認同，更重要的是每個人為人處事、禮貌待人的最直接展現。許多職場新人忙於處理工作和新的人際關係，往往忽略了職場中本應知道和做到的一些禮儀細節，但是，成功與機遇總是喜歡光顧關注這類細枝末節的人。掌握必要的辦公禮儀，能讓職場道路越走越順暢，也能為職場人自身帶來許多意外的驚喜。現在，就一起走進職場中的禮儀世界吧！

2.1 形象管理——視覺印象最深刻

用耳朵聽，用眼睛看，凡是接觸過的客觀事物都會在人的頭腦裡留下深淺不一的印象。視覺顯現了世間萬物的千姿百態、絢爛色彩，讓每一片天空都有了它自己的樣子（圖 2-1）。人也是如此，當我們認識一個人時，視覺印象往往是最深刻的。

圖 2-1　視覺，能讓人留下深刻印象

想要讓人留下好的印象，就要先從自身形象開始。許多職場中的人因為工作忙碌，或者每天面對的只有電腦，就疏於管理自身形象，殊不知錯過了一個展示自我的大好機會。視覺讓人留下的印象往往是最深刻、最強烈的。滿臉鬍渣不修邊幅的人適合當一個特立獨行的藝術家，而不適合工作於秩序井然、規劃有度的職場中。要管理好自身形象，做一個精彩的職場達人！你，準備好了嗎？

2.1.1　你知道「7：38：55 定律」嗎？

走在熱鬧的大街上，看著來來往往的人群，其中有穿著橙色運動服、剪著清爽短髮的陽光男孩，也有穿著孔雀綠的無袖背心、神采奕奕的慈祥老人，你有沒有發覺，雖然自己並不認識這些人，卻自動在腦海裡對他們下了定義？這其實是你的「視覺觀感」在作祟。

柏克萊加州大學心理學教授雅伯特·馬伯藍比（Albert Mebrabian），對人們的這種旁觀感受做了長達十年的研究之後，便得出了「7：38：55 定律」。這個定律說的是旁人的觀感，只有百分之七取決於真正的談話內容，而有百分之三十八在於輔助表達這些話的方法（例如你說話的語氣、語調），卻有高達百分之五十五的比重決定於外表。當我們回憶起一個不太熟悉的人時，首先想起的不是這個人的語言、聲音，而是他的樣子。因此，對於初次見面，外貌顯然要比內涵更勝一籌（圖 2-2）。

圖 2-2　重視穿著打扮，為視覺印象加分

ㄟ！菜鳥仔
凱瑞你斜槓，開外掛，放大絕
｜職｜場｜求｜生｜攻｜略｜

美國《經濟心理學》雜誌上刊登了一篇加州大學的實驗，請受訪者將一群人分為三組：「好看的」、「普通的」、「不好看的」。結果發現，被挑選為「好看的」這一組人，平均收入比「不好看的」高百分之十二、比「普通的」高百分之七。由此可見，良好的外在形象不僅會讓人留下不錯的深刻印象，還能夠吸引財富的注意。一個面龐乾淨、服裝整潔、穿著講究的人，和一個蓬頭垢面、穿著花色T恤搭配短褲的「邋遢鬼」，顯然前者看起來更像一個成功人士。

在外形妝扮上，不僅是人，物品的美觀度也很重要，例如包裝盒（圖 2-3）。在選購商品時，除去價格等因素，人們往往會被那些包裝精美的商品所吸引。商家在產品包裝上下工夫，其實就是在做「視覺行銷」，人們透過漂亮的包裝產生美好的聯想，從而引發購買行為。

圖 2-3　包裝禮盒設計精美

7：38：55 定律告訴我們，如果衣著不整、行為粗俗、語言無禮，看上去漫不經心、過於傲慢或者輕浮，就會失去個人的尊重和

威儀，引起人們的不滿和不信任。一九六〇年九月二十六日，美國舉行了第一次電視轉播的總統選舉辯論，甘迺迪和尼克森的支持率旗鼓相當，但最後甘迺迪以微小的差距險勝入住白宮，這其中有一個重要的原因，就在於甘迺迪比尼克森更懂得在外形上「包裝」自己。

若想獲得別人的相信，我們首先要相信自己；若要得到別人的尊重，我們首先就要尊重自己；想要別人注意到你的才華，就先用良好的自身形象去吸引他人的注意吧！

2.1.2 穿衣有道，牢記 TPO 原則

林俊傑在〈醉赤壁〉中唱過一句「確認過眼神，我遇上對的人」。美麗的緣分總是能引人浮想聯翩，而要給人「對」的眼神，沒有「對」的服裝映襯是不行的。人們除了要在恰當的時間出現在恰當的地點，還需要恰當的衣著裝扮。穿得好就是錦上添花，穿得不好就變成了雪上加霜。想要學會選擇衣服，就離不開 TPO 原則的三大要素：時間、目的、地點。一件簡潔大方的西裝能將你的幹練展現得淋漓盡致（圖2-4），當然，如果再配上一個不錯的髮型，就更加完美了。

圖 2-4 西裝能展現幹練的職業素養

　　從時間上講，一年有春、夏、秋、冬四季的交替，一天有二十四小時的變化，在不同的時間裡，著裝的類別、式樣、造型也因此而有所變化。站在時間的角度看服裝，其實就是在看服裝的實用性，例如夏天要穿清爽的短袖或 T 恤，冬天要穿厚厚的羽絨衣或是棉襖。夏裝通氣、吸汗、涼爽；冬裝保暖、禦寒，這就是一種服裝的實用性（圖 2-5）。如果你在寒冬臘月還只穿一件吊嘎就去上班，大概還沒出家門就冷得直發抖了。除此之外，服裝也有「白天、黑夜」之分。身為上班族，白天穿的衣服需要面對他人，應當合身、嚴謹（例如西裝這類通勤裝）；晚上穿的衣服不為外人所見，便可以寬大隨意一點。

　　從地點上講，置身在室內或室外、駐足於都市或鄉村、停留在國內或國外，這些變化著的不同地點，著裝的款式也理當有所不同。例如，在海水浴場穿泳裝已經是人們司空見慣的，但若穿著它去上班、逛街，今日的「亮眼之星」就非你莫屬了。

圖 2-5　服裝應隨季節而變

66

　　與顧客會談、參加正式會議等，衣著應莊重考究；聽音樂會或看芭蕾舞，則應按慣例著正裝；出席正式宴會或舞會時，可以穿中式的傳統旗袍或西式的長裙晚禮服；而在朋友聚會、郊遊等場合，著裝應該輕便舒適……不同的場合地點有不同的穿法，要想在一個場合中用服裝突出自己，需要在大原則之下，在服裝的細節和廓形等方面變點花樣，而這個大原則就是穿著適合該場合的服裝（圖2-6）。

圖2-6　服裝也要搭配地點場合

　　從目的上講，人們的著裝往往展現著自身的意願，即自己的著裝留給他人的印象如何。例如，穿一套運動服會給人輕鬆休閒的感覺，運動時，舒適透氣的運動服也能產生一定的輔助作用。著裝應當適應自己扮演的社會角色，身為運動員，在比賽中穿著運動服，就是服裝目的性的一種展現。

　　穿衣是「形象工程」的大事，個人性格、生活品味都可以透過

ㄟ！菜鳥仔
凱瑞你斜槓，開外掛，放大絕
|職|場|求|生|攻|略|

服裝展現出來。把西裝熨燙平整，並保持整潔，穿起來大方得體，
能顯得精神煥發（圖2-7）。整潔並不完全是為了自己，更是在尊
重他人，這是良好儀態的第一要務。西方的服裝設計大師認為：
服裝不能造出完人，但百分之八十的第一印象來自於著裝。因此，
根據時間、地點、場合來選擇恰當的服裝十分重要，「以不變應萬
變」並不適用於服裝穿搭，相反，在服裝穿搭中要能「以萬變應不
變」。牢記 TOP 原則，讓自己在對的場合穿對的服裝，說不定還能
幫助你收獲一段意外的緣分。

圖2-7　遵循 TOP 原則，做更加自信的職場人！

2.1.3　「好色」有度，把握「三色」原則

　　三色原則是在國外經典商務禮儀規範中被強調的，許多著名的
禮儀專家也多次強調過這一原則。也許有人會以為是在服裝搭配
中，有三種顏色絕對不能搭配在一起，其實，這個原則是指服裝搭

配，身上的色系不應超過三種（很接近的色彩視為同一種）。身上顏色過多，會讓人看起來雜亂無章，給人「俗擱有力」的感覺（圖2-8），三色原則有助於保持正裝莊重、保持整體風格，並使正裝在色彩上顯得正式與和諧，更加突出整體效果。

圖 2-8　顏色過多會讓人感覺眼花撩亂

　　既然要把身上服裝的顏色縮減在三色以內，那麼，面對色彩的五彩繽紛、服裝款式的千變萬化，怎樣去選擇顏色並且做搭配呢？別急，先拋出一根「如意金箍棒」來穩定陣腳。職場中，男士最適合穿黑、灰、藍三色的西服套裝及領帶；女士則最好穿西裝套裙、連衣裙或長裙。男士注意不要穿印花或大方格襯衫；女士則不宜把露、透、短的衣服穿到辦公室裡去，否則容易給人不端莊的印象。搞定了最基本的款式之後，再選顏色就輕鬆多了。

　　「黑、白、灰」被認為是服裝中的百搭色，在職業套裝中也以

ㄟ！菜鳥仔
凱瑞你斜槓，開外掛，放大絕
|職|場|求|生|攻|略|

黑色居多，所以為了保險，很多人選擇穿一身黑色，就連女士在
商務場合也謹慎地做「黑白配」。其實適當的提亮色彩為你增色不
少，而且不會使你喪失「可信度」（圖 2-9）。例如，暗藍色西裝可
以配上橙黃色領帶，穿白色或明亮藍色的襯衫。橙黃和暗藍在色環
中為對比色（即色環中呈一百八十度對角的顏色），兩者搭配在一
起，能帶給人強烈的視覺效果。橙黃作為提亮色，顏色占比不需要
太大，一條領帶足以展現出「畫龍點睛」的效果；褐色西裝可配暗
褐、灰、綠和黃色領帶，穿白、灰、銀色或明亮的褐色襯衫。除此
之外，還有很多不同顏色的穿搭方法，在三色原則中應學會採集顏
色自由搭配，讓自己的穿衣搭配更有品味，充分展現自己的個性。

圖 2-9　服裝搭配可以不止「黑白灰」

　　在服裝搭配之道中，簡單永遠是安全的。如果你對自己選擇領
帶的品味不那麼自信，就不要標新立異，畢竟人們對於圖案的感覺
不盡相同，你永遠不知道自己「與眾不同」的品味會引起什麼人的
反感。因此，職場新人可以從最基礎的「黑＋白」穿搭做起，然後

再慢慢嘗試、捕獲其他顏色。不僅是為了讓人留下美好的印象，西裝、襯衫與領帶的搭配在某種程度上還反映著你為人處世的老練程度，而三色原則，就是服裝搭配中一個重要的規則。

2.1.4　做工作環境中的「變色龍」

　　有這樣一則故事：一隻變色龍無論爬到哪，身體都會隨著周圍環境的顏色產生變化；孔雀看到後，便開屏露出美麗的羽毛炫耀：「你這麼變來變去的累不累呀？告訴你吧！保持本色才是最美的」。這時，從樹後竄出一隻狐狸，一口咬斷了孔雀的脖子。變色龍悄悄爬到狐狸碰不到的地方，流著淚說：「可憐的孔雀，我還沒來得及告訴你，在你還沒有變得強大之前，最好和周圍的環境保持一致（圖 2-10）。」有著獨特、漂亮羽毛的孔雀，因為盲目地突出自己而斷送了性命，善於變通的變色龍卻活了下來，這則故事不免讓人唏噓不已。

圖 2-10　變色龍──隨著環境而改變

　　變色龍性格溫順，攻擊性也不強，卻廣泛地分布於地球的各個角落，無論是怪石嶙峋、寸草不生的險峰，還是酷日當頭、環境惡劣的沙漠，都可以看到牠們的足跡。這種對環境的超強適應力和應變能力，正是職場人所需要的。在職場中，最有競爭力的是那些能夠在最短時間內適應環境的人，要像變色龍一樣，隨著周圍環境改變自己的「顏色」，巧妙地躲過「猛獸」而得以生存。企業要不斷在競爭中發展，而決策者也更加喜歡把那些「變色龍」安排到重要的工作職位上去。那麼，在工作中，我們要如何「變色」？如何透過「變色」來展現自己的良好禮儀？

　　月有陰晴圓缺，情緒也有喜怒哀樂，表情是情緒最直觀的反映。俗話說：「相由心生。」你的內心樂觀、從容，自然也會透過你的眼神傳遞給其他人（圖2-11）。展露笑容能為你增添不少個人魅力，但也要注意環境和周邊氛圍，假如你的同事正因為某事陷於痛苦之中，你卻對他眉開眼笑，無疑是失禮的。在公司陷入低谷、氣氛低落的時期也是如此，即便遇上再開心的事，工作時也要注意「喜怒不形於色」。

　　表情可以「變色」，服裝更是可以「變色」。不同的顏色給人不同的心情感受，紅、黃、橙及與它們相近的色彩為暖，給人熱烈的感覺；青、藍色是冷

圖2-11　你的表情顏色好看嗎？

72

色，給人寒冷的感覺。我們的外表除了照鏡子的那一刻之外，大部分時間是由別人來欣賞評鑑的，因此，捨棄個人主觀的喜好，站在理性客觀的角度上搭配衣服是很有必要的。

在工作中特別「機靈」的人都具有這一特點——善於察顏觀色，並且根據周圍的環境變化來調整自己的言行舉止。語言是我們生活中最常見的一種「自我包裝」，我們可以透過一個人的描述想像出另一個人的樣子，透過語言，可以描繪出無數種人物性格的畫面，給人的感覺也不盡相同，在不知道說什麼的時候，最好保持沉默（圖 2-12）。成為一隻工作中的「變色龍」，雖然無法讓你被每一個同事喜歡，但至少可以免掉工作中許多人際交往的麻煩，使你不輕易被工作淘汰。

圖 2-12　無話可說的時候就沉默

2.2 相處有道——有禮有節最適宜

與人相處就像喝水吃飯一樣，是每天都要發生的事情，不同的是，吃飯喝水有它固定的模式，就算每頓吃的都不重樣，還是只需要牙齒咀嚼、腸胃消化即可；與人相處就不同了，周圍的環境和人時時在變，你的心情和狀態也在改變，與人相處就要在這「瞬息萬變」之中找到最適合當下的話語，因此，它沒有固定的模式。在與人相處中恰當地運用禮節，可以跟語言形成相輔相成的作用。

禮節，就是一種尊重和儀式，在人際交往中既要尊重自己，也要尊重別人，因此也衍生出在語言、行為等方面的儀式。

古人云：「有禮者敬人。」實際上，禮儀是一種待人接物的基本要求。你重視別人，別人自然就重視你（圖2-13）。

在與人相處的過程中，要學會運用禮儀來增添色彩，用現在較為流行的詞來形容就是——學會最基本的「潛規則」。

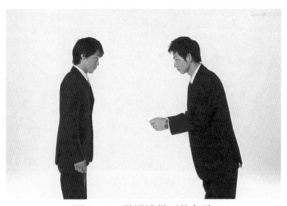

圖 2-13　職場禮儀不能忽略

2.2.1　別說你不知道「序位效應」

人與人相識，第一印象往往是在前幾秒鐘形成的，而要改變它，卻需要付出很長時間的努力。人們對於一個人產生第一印象之後的影響就是「序位效應」，因此，要想獲得良好的序位效應，就要先讓人留下好的第一印象，也就是要先打造一個良好的自身形象。

打造自身形象先要從「臉」開始。別以為光靠一個「特別」的眼神就可以打動別人，雖然炯炯有神的目光的確很有感染力，但並不是每個人都能在第一時間被你的目光所感染，一個人對另一個人產生的第一印象，往往源自這個人的整體形象。在職場中，作為女性，可以化一個淡而精緻的小妝，遮蓋住皮膚的一些瑕疵，透過妝容提升整個人的「明亮度」；男性雖然不一定要化妝，但也不能怠慢自我的形象：應該把鬍子刮乾淨，打理好髮型，露出乾淨清爽的面龐（圖 2-14）。

服裝也是展現自我形象的好幫手，透過服裝，可以展示出自己的個性。在職場工作中，如果是穿著統一的西裝，就要了解西裝的穿法和搭配，保持著裝的乾淨整潔。在打理自己形象的同時，也是在給自己一個愉快的心情，除了可以讓別人留下好的印象，還能提升個人的工作效率。

圖 2-14　建立一個良好的職場形象

　　良好的第一印象源自人的儀表談吐，但更重要的，是取決於他的表情。微笑是表情中最能賦予人好感、增加友善和溝通、傳遞愉悅心情的表現方式。人們樂於把一些善良的、正面的人物刻劃成風格明朗、面帶笑容的模樣，例如吳哥窟百因廟的四面佛像，個個都面帶微笑（圖 2-15）；而對於一些「惡名昭彰」的人，所刻劃的人物表情通常都顯得陰沉、奸邪，例如秦檜像。由此可見，一個樂於對人微笑的人，能展現出他的熱情、修養和魅力，從而得到人的信任和尊重。

圖 2-15　吳哥窟──高棉的微笑

　　服裝得體、語言幹練、儀態端莊，就是獲得良好第一印象的關鍵，由此產生的序位效應會為你帶來工作和生活中意想不到的收穫。雖然序位效應對人的影響深遠，但光靠一個序位效應，還是無法支撐一個人的「永恆」形象，因為，在人們不斷相處的過程中，讓彼此留下的第一印象也會隨之改變。

　　在職場中與人相處時，你的上司、同事不像馬路上那些來去匆匆的路人，擦肩而過，然後就消失在茫茫人海中，他們與你相處的時間甚至比你的親人、朋友相處的時間更多，所以，你要做的當然不僅僅是讓人留下匆匆一瞥的第一印象。想維持一個好的職場形象，還需要在日常工作中一點一滴地累積。

2.2.2　與同事共事的五大原則

　　公司就如同一個小社會，大也罷，小也罷，我們的周邊一定存在著各式各樣的同事。性格想法、成長的家庭環境、經濟基礎、教育程度等方面的不同，造就了同事未必同「志」的現狀。與同事打交道，不像與親人或是敵對的人相處時那樣「界限分明」，同事既可以是你的隊友，還可以是你的對手（圖 2-16）。一段好的同事關係是既模糊又清楚的：模糊在於，都不知道對方的底線；清楚在於，都不會

圖 2-16　同事，是朋友也是對手

觸犯到對方的底線。想要打造良好的同事關係，一起來看看與同事相處的五大原則吧！

原則一，上班時盡量多做事少說話。這樣既可以讓自己多累積工作經驗，又可以讓繁忙的工作占去多餘的時間，避免在工作中插科打諢、談別人的是非。病從口入，禍從口出。在工作之外，千萬不要對同事評頭論足，一個人表現得是好是壞，大家心裡都有一把秤，要是在背地裡議人是非，反倒顯得你氣量狹小了。

除了議論別人的是非，同事之間，有許多誤會都源於「詞不達意」（圖 2-17），有時候是說話的人沒表達清楚；有時候是聽話的人沒理解清楚，總之，兩個人之間一旦「牛頭不對馬嘴」，就很容易產生誤會。因此，在進行語言表達的時候，應盡量確保咬字清晰、語句簡短，有時候還可以讓對方複述一下你的意思，以確保你的話「順利」傳達到對方的耳朵裡。總之，就是要說該說的話、說對的話。

圖 2-17　詞不達意，引起誤會

　　原則二，見面時打個招呼。不管別人有沒有先和你打招呼，或者你和同事之間的關係好不好，主動打招呼都很有用處，它能產生「雨點小、雷聲大」的效果。見面與人打招呼已經成了日常生活中的禮儀，既是展開一段關係的潤滑劑，又是你個人友好的表現，就算是你不喜歡的同事，在單獨遇見時點頭致意一下，也能緩解不少尷尬。

　　原則三，不要拒絕提供幫助。互相幫助能滋潤彼此間的感情，因為同事之間存在競爭就不提供幫助絕非明智之舉，不僅會破壞與同事的關係，還可能讓自身陷入「孤立無援」的處境。除了提供幫助，還要學會找人「求助」。有時，求助別人反而能表現你的信賴，能夠增進你與同事之間的關係、加深感情。求助要講究分寸，盡量不要讓人家感到為難（圖 2-18）。

圖 2-18　互幫互助，選擇與同事共同進步

　　原則四，真誠友善，信守諾言。這個人人都懂的道理卻極其容

易被人忽視，往往造成很大的影響。再甜蜜的夫妻也會有吵架的時候，更何況是與你既合作又競爭的同事呢？有歧義或爭執是不可避免的事情。要想與同事相處愉快，就要以誠為本，友善待人。先有解決問題的態度，才會有解決問題的辦法。至於信守諾言，就是要對自己說過的話、做過的承諾負責，這是信用問題。

最後一個原則是——拒絕辦公室戀情！說起戀愛，許多人心裡都冒起了粉紅泡泡，有時，個人吃苦是吃苦，倆人一同吃苦卻能覺得「有點甜」；夜空中掛起了一輪明月，在普通人眼裡就是一顆月亮，在戀愛中的人的眼裡卻能變成對方的臉龐……戀愛浪漫而甜蜜，引人遐想。

但是！當這種美好的情思搬到了職場時，兩個人都變成了「粉紅色」，工作效率難免會受到影響（圖 2-19），甚至還會影響其他同事工作；而一旦「談判破裂」，兩個人從「粉紅色」變成了「爆炸黑」，還不得不一起共事，就真的尷尬了。

圖 2-19　別讓辦公室戀情影響你的工作效率

　　與同事相處，其實也是在與一部分未知的自己相處（圖2-20）。一個人在你心中是什麼樣子是基於你對他的判斷，不代表那個人本身就是這樣。就像你在不同的人面前會表現出不同的樣子，例如你是父母眼中乖巧懂事的孩子，在熟悉的玩伴眼中，卻是一個熱情爽朗的開心果，其實乖巧懂事也是你，熱情爽朗也是你，你只是在不同的人面前表現出了不同的樣子。回到在職場中與同事相處，同事在你面前呈現的是什麼樣子呢？或者說，存在於「你心裡」的同事是什麼樣子的呢？

圖 2-20　尋找未知的自己

2.2.3　與上司相處的六大準則

　　世界五百強企業首位的沃爾瑪公司要求自己的員工面對顧客時要遵循兩條原則：第一，顧客永遠是對的；第二，假如顧客錯了，遵照第一條原則執行。此原則可以為職場新人處理與上司的關係時

提供借鑑：上司永遠是對的；假如上司錯了，則按照第一條原則執行。

這樣說，也許讓人覺得誇張，但上司是辦公室裡的核心人物，如果你是辦公室裡的普通一員，跟上司的關係不好，將可能影響你的情緒、表現，甚至前途。要想跟上司和諧相處，就快掌握以下六大相處準則吧！

第一條，顧及上司的顏面。華人講究「面子」，這個「面子」就是個人的尊嚴。舉個淺顯的例子：當你和別人一同送生日賀禮給好友時，卻發現別人送的禮都比你的「厚」，這時你看著自己的那份「薄」禮，心裡會很不是滋味，這個「不是滋味」，就是覺得自己「丟臉」了。上司作為領導者，更需要面子的幫襯，一個沒有威信、每個員工都可以冒犯的主管，哪還談得上管理呢？

因此，即使你的上司說錯了，也別「嗆」回去、挑戰上司的權威，不然，接下來就該輪到你倒楣了。

第二條，不議論上司的是非。「職場小人」如同過街老鼠，人人喊打，即使有人沒喊打，也必然會在心裡疏遠。職場新人若是無意間撞見了上司的一些是非，可千萬別以為走了狗屎運、掌握了一個可以「威脅」上司的把柄，更不要私下裡四處傳播，與人議論上司的是非，否則一旦走漏了風聲，被上司「逮個正著」，捲鋪蓋走人的事情就離你不遠了。

第三條，不要隨便背叛和攻擊上司。現實中的確有一些主管令人忍無可忍，但十之八九的上司都反感不忠誠於自己的下屬；隨意

攻擊上司，最終吃虧的還是自己，其他同事只當作看一次免費表演。當然，如果上司絲毫沒有容人的雅量，離開也無不可。

　　第四條，不要讓上司認為你的存在是對他（她）的威脅。你可能覺得你比你的上司厲害，也許你確實很有才華，但千萬不要讓自己的風頭蓋過上司（圖 2-21）。優秀的能力不是用來驕傲的資本，而應該成為前進的動力，恃才傲物、以下犯上的人即使獲得職位，也丟掉了自身的風度和禮儀。

圖 2-21　在工作中找到適合自己的「位置」

　　第五條，勇於承認錯誤。如果你違反了公司紀律、工作規則，就應該對自己的過失負責。承認錯誤並非羞恥之事，反而是你有禮儀素養的一種展現。人們對於承擔責任往往有一種本能的逃避心理，但是，被人揭穿了仍然死不承認才是不明智的舉動。

　　第六條，皮笑肉不笑，不如乾脆不笑！表面一套背後一套的事做多了，總有露出馬腳的時候，如果認為上司說得不對，就委婉

ㄟ！菜鳥仔
凱瑞你斜槓，開外掛，放大絕
|職|場|求|生|攻|略|

或是直截了當地提出來，就算不當面提，也不需要勉強用微笑來附和。不管你對於上司是欣賞還是排斥，掌握一些必要的相處之道能夠幫助你揣摩上司的心理，為你贏得好印象。

以上談到的這些職場加分禮儀和技能，你 get 到了嗎？

2.2.4 與客戶溝通的技巧

溝通在人的一生中扮演著極為重要的角色，溝通能力的好壞，往往會決定一個人的成功與否。在與客戶溝通的過程中，把各個方面都做到完美顯然是不太可能的事，但至少也要盡自己所能。不管是工作還是生活，注重溝通技巧的修練、掌握溝通的方法，都將為你的人生創造意想不到的新局面（圖 2-22）。

圖 2-22　如何與客戶溝通？

考量到贏取新客戶的昂貴成本，維持現有的優質客戶再重要不

過，而維持客戶的關鍵，就是要讓每一個客戶真正感覺到被理解和被重視。這就要從自身的心態開始調整。在人際交往中，要弄清楚自己和客戶的位置，「顧客是上帝」這句話在一定程度上是沒有錯的。例如，請客戶吃飯的時候，要先詢問對方的口味和意見，不要因為自己是主人就全憑自己喜好點了。在行為舉止上表現出對客戶的尊重，有時候比語言更具有說服力。

俗話說「十里不同風，百里不同俗」，也許你的客戶是外地甚至外國人，這時，你就需要入鄉隨俗了（圖 2-23）。

圖 2-23　尊重各地的民俗文化

例如，假設你是臺北人，在一般情況下，你會習慣性地問：「您是臺北人還是外縣市的？」但當你人在高雄時，就應該問：「您是高雄人還是外縣市的？」這能展現出你對當地人的尊重，客戶自然也能感受到這份敬意，由此，就為接下來的交談建立了一個良好的

ㄟ！菜鳥仔
凱瑞你斜槓，開外掛，放大絕
｜職｜場｜求｜生｜攻｜略｜

開端。

把自己的熱忱與經驗融入談話中，是打動人心的捷徑，也是一個必備條件。戴爾‧卡內基說過這樣一句話：「如果你對自己的話都不感興趣，又怎能期望他人感動呢？」

情緒可以感染他人，對自己將要說的話、將要做的事，染上一點自己的熱情，再將它們表現出來，就能產生意想不到的效果。

交際是門藝術，在與人交往的過程中，同樣的目的，用不同的說話方式會導致天壤之別的結果。在語言中加一點幽默的佐料，無疑是帶動氣氛的好辦法，可是幽默也要有限度，幽默過頭反而會使氣氛尷尬；如今網路流行用語正當紅，例如「傻眼貓咪」、「當我塑膠」、「是在哈囉」等，這些自帶個性的用語是網友幽默的結晶，日常生活中用它們調侃幾句，氣氛很容易就活躍起來，但是，這種幽默並不適用於正式的客戶商談，否則會讓人覺得不禮貌，而且，你的客戶也未必聽得懂。

在交談之前就先明確談話的目標，深入了解顧客，完成從單向資訊傳遞到雙向良性互動的轉變。面對不同的客戶，溝通的方式也要做出相應的調整，臨場應變。當然，在掌握溝通禮儀和技巧的同時，也別忘了溝通的根本還是誠信。

2.3　商務禮儀——爛熟於心最關鍵

職業形象與商務禮儀在職場中是「共攜手、同進退」的，在商

務活動中，為了展現相互尊重，需要透過一些行為準則去約束人們在商務活動中的表現，便形成了商務禮儀。商務禮儀包括電話郵件、工作會議、來訪接待、出差辦公、禮品贈送等。

在職場中，熟記商務禮儀大有作用，除了能為個人的工作帶來意想不到的收穫，還能提升個人的形象、氣質等方面。

商務禮儀是職場工作中與人打交道的「必需品」，能促進工作中的商談與合作，而合作共贏將產生價值，對公司和個人都是有利無害（圖 2-24）。要想掌握商務禮儀，內修素養、外塑形象是關鍵。你準備好在職場中「大顯身手」了嗎？ 先來學習一些基本的商務禮儀吧！

圖 2-24　合作共贏──商務禮儀不可少

2.3.1　電話、郵件禮儀

職場處處有學問，職場禮儀滲透了各個方面，接電話、發送郵

件也不例外，均囊括在職場禮儀內。電話鈴響三聲再接聽是接電話的黃金時間，關於這一條，想必許多人都不陌生，但除此之外，工作電話中還有許多值得注意的細節和禮儀。例如聽到電話鈴響，若是嘴裡有食物，應該立即把食物嚥下，一邊吃東西一邊跟顧客講電話實在太不禮貌了；若是正在與同事打鬧嬉戲，也應等情緒平穩後再接電話；接電話時應該停止一切不必要的動作。現在，我們就來了解工作中接電話和寄郵件的各項禮儀吧（圖 2-25）！

在工作中接到電話時，首先要問候。「您好」這樣的詞是必不可少的，千萬別習慣成自然地說一句「喂」就算打完招呼了；問候時，聲音要有精神，聲音能夠傳達一個人的精神面貌。如果接電話的時機晚了，應該先向客人道歉，然後自報家門，外線報哪間公司，內線報哪個部門；電話交談時可以配合肢體動作，如微笑、點頭（儘管看不到，但語音語調會將其潛在地呈現出來）；講話響度和音調不要過大、過尖，話筒與嘴唇的距離也不要過近，「大嗓門」會顯得你這麼人很粗魯，影響雙方交談時的心情；在接電話時，時不時配合說些「嗯」、「是」、「對」、「好的」之類的短語，表示你正在認真聽，同時，也別忘了將重要事項記錄下來（圖 2-26）。

圖 2-25　禮儀展現出對他人的尊重

圖 2-26　打電話時記得將重要資訊記錄下來

　　如果需要轉接電話，應該請客人等待並且盡快轉接。如果是代聽電話，應主動詢問客人是否需要留言或轉告。留言要準確記錄，並重複確認留言。掛電話時，要詢問客人「還有什麼吩咐嗎？」表示對客人的尊重，沒有事情就向客人道謝，感謝來電並說再見，等對方掛電話後你再掛電話。

　　發送郵件時，首先要注意的就是恰當地稱呼收件者，E-mail開頭結尾最好要有問候語。恰當的稱呼和見面打招呼的重要性不用再多說，在電子郵件中同樣如此。其次就是寫好標題，標題不宜過於冗長，更不要用空白標題，否則是很失禮的；此外，標題要能真實反映文章的內容和重要性，切忌使用涵義不清的標題，如「李先生收」；一封信盡可能只針對一個主題，保證信件內容簡短、目的明確，這樣既可以幫助你節省時間，也尊重了收件人的時間（圖2-27）。

ㄟ！菜鳥仔
凱瑞你斜槓，開外掛，放大絕
｜職｜場｜求｜生｜攻｜略｜

圖 2-27　發送郵件要有明確的主題

　　遇到了重要和緊急的郵件時，可以適當地使用大寫字母或特殊
字符（如「＊、＃」等）來突出標題，以引起收件人注意，但不要隨
便就用「緊急」之類的字眼；回覆對方的郵件時，可以根據回覆內
容需求更改標題。

　　維護電話、郵件形象就是在維護企業的形象，這時，你代表的
不僅僅是個人，還是一個集體。一些必要的禮儀其實不難掌握，熟
能生巧，重要的是學會在工作中隱藏好自己的情緒，不讓情緒的
「洪荒之力」衝擊到工作效率。禮儀技巧＋控制情緒，雙管齊下才
能達到事半功倍的效果。

2.3.2　工作會議禮儀

　　在學生時代，我們最常聽到的「會議」莫過於家長座談會了。
長大後參加了工作，另外一種商業會議（圖 2-28）也就隨之而來
了。不管是不是職場新人，如果開會無理由遲到，十有八九是「不
想混了」。

圖 2-28　商業會議

　　在開會前，應該了解時間、地點以及需要準備的物品，事先熟悉一下開會的內容和相關流程，做到有備無患。

　　職場新人若開會時有正式發言的環節，首先要衣冠整齊，走上前發言時應該抬頭挺胸、步態自然，展現一種自信自強的風度和氣質；發言時口齒清晰、井然有序，並且簡明扼要；如果是書面發言，要時常抬頭掃視一下會場，不能一直旁若無人地低頭讀稿；中途有會議參加者提問的話，要禮貌回答，對於無可奉告或不知道怎麼回答的問題，最好機智而禮貌地說明理由；對提問人的批評和意見應認真聽取，即使提問者的批評是錯誤的，也不應失態，不能被負面情緒所影響。

　　報告結束後別自顧自地走，而忘了對聽眾的傾聽表示謝意（圖 2-29）。有時候，會遇到結束發言卻沒有獲得聽眾掌聲和反響的情

況，這時作為發言者的你難免尷尬，心裡也會很失落。這裡摘錄一句心靈雞湯：「即使沒有人鼓掌，也要優雅謝幕，感謝自己的認真付出。」跌倒和意外在所難免，在把禮儀、工作做得面面俱到之前，要先練就一顆強大的心。

圖 2-29　工作會議有禮儀

　　開會時坐的位子也要注意，如果有自己固定的座位就很好辦，如果沒有，讓大家隨意坐的話，不妨先看看哪處比較多新人，就往哪裡「湊」。

　　雖然出現的概率微乎其微，但還是要善意地提醒一下，以免性格比較「粗枝大葉」的職場新人掉進這個陷阱：不要坐到主管的位子（圖 2-30）！

圖 2-30　選對自己的座位

　　主管的座位通常都在比較引人矚目的位置，長方形會議桌的兩端最好不要去坐，尤其是靠近 LED 顯示螢幕的那一方，有極大可能是 Boss 的「寶座」。

　　許多職場新人一聽說開會，就感到「愁眉苦臉」，其實大可不必這樣，因為你個人的情緒再翻江倒海，會還是照常開。公司開會有一個或多個主題，例如匯報工作內容、探討公司發展方向等，透過開會，職場新人也能學到不少東西。趕緊帶上你的會議禮儀知識，在公司會議中尋找收穫吧！

2.3.3　來訪接待禮儀

　　接待或者拜訪是很多企業員工一項經常性的工作，也是職場新人「大顯身手」的機會。

可別以為接待工作和接朋友一樣輕鬆簡單又隨意，一旦掉以輕心，不注重禮節，很容易就親手葬送了你的升遷之路（圖2-31）。首先打理好自己的形象，然後要熱情！熱情很重要！客戶大老遠跑來，可不是為了看你板著一張臉。

圖2-31　來訪接待也有禮儀

不要讓來訪者坐「冷板凳」。職場中的新手管理者，如果自己臨時有事暫時不能接待來訪的客人，要安排助理或相關人員前去接待；對於普通的職場新人，切勿將客人晾在一邊——不端茶、不送水、不寒暄，甚至連個多餘的眼神都沒有，這樣冷落來訪者可是接待禮儀中的「大罪」。

對來訪者，應起身握手相迎，對上級、長者、客戶來訪，要起身上前迎候，對於不是第一次見面的同事，也不能丟了微笑。

客戶來訪必然不只是喝茶聊天那麼簡單，常言道「無事不登三寶殿」，接待來訪的客戶，必然不只是「端茶送水」這麼簡單，要弄清來訪者的目的及意義，就要學會認真傾聽他們的話（圖

2-32)。有時候，你感到客戶的話既枯燥又無聊，忍不住打幾個呵欠或是面露不耐之色，這個舉動卻「暴露」了公司的不良形象。來訪接待的工作並不是一份輕鬆簡單的差事，你的個人形象也會被總結歸納到整個公司形象上，可謂是「責任重如泰山」，所以，該「端坐」的時候就要端坐，即使你聽得想打瞌睡，也要保持笑容，並且及時地與客戶進行眼神交流，讓對方知道你正在「認真」傾聽。

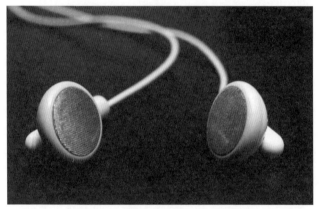

圖 2-32　傾聽，是尊重他人的表現

　　不要輕率表態自己對來訪者的意見和觀點，應先做思考，能夠回覆的盡量當場回覆，對於一時不能作答的，要約定一個時間後再聯絡。想要結束接待時，注意不要直接而強硬地宣告結束，可以婉言提出藉口，例如說：「那我們就著手準備這件事情了，不打擾您的時間了……」。也可用起身的肢體語言告訴對方本次接待就此結束。

2.3.4　出差辦公禮儀

出差算是工作中比較「好玩」的任務了——帶著工作任務出門旅行。不管你喜歡與否，既然是你的工作，就要好好完成。出差旅行，你的身份不僅是職場人，還是社會中的一員。平時養成良好的個人習慣，自然而然就不需要在公共場合刻意約束自己的言行了，因為相關的禮儀已經融入生活、形成個人的素養。

那麼，在出差辦公時，有哪些需要注意的禮節呢？

出差旅行，從一個地方輾轉到另一個地方，也許是相鄰兩個縣市，也許是兩個國家（圖 2-33）。不同的地方，風俗習慣也不盡相同，跨國的差距就更大了。譬如臺灣人的主食是飯或麵，美國人則以肉和蔬菜為主食。正所謂入境隨俗，了解並遵守當地的風俗禁忌，也能避免自己鬧笑話或是引起不必要的糾紛。例如韓國的飲食特色就是喜清淡、忌油膩，味覺以涼辣為主，而且在吃飯時，出於尊重，桌子上的飯碗不能用手端起來，也不能直接用嘴去接觸桌上的飯碗，要把碗放在桌子上，用湯匙一口一口地吃。這時候，你的另一隻手就要聽話了，最好老老實實藏在桌子底下。

圖 2-33　出差是一趟特殊的旅行

　　既然是出差，少不了要乘坐交通工具，藉此機會好好放鬆一下自己。在觀賞沿途美景的同時，也不要將相應的交通禮儀拋諸腦後。搭乘飛機、火車、客運等交通工具，都有它相應的一些注意事項，例如，飛機上非一次性餐具不可以帶走；登機之後要關閉電腦、手機等電子設備，這些交通禮儀也是出差禮儀中不可缺失的一部分。

　　不只是在自己家、在公司裡需要保持良好的衛生狀況，在外面的公共場所中，更要注意環境整潔；也要注意以友善、謙和、禮貌的態度待人（圖 2-34）。這屬於個人素養的一部分。在公共場合中，正是因為周圍都是陌生人，才要更加注意自己的形象，畢竟你不知道身邊經過的哪一個人會在接下來與你產生交集，即使不是這樣，展現良好的自我形象也是很重要的，這些細節特別能展現出個

人的修養。

圖 2-34　公共場合更需要禮儀

　　如果是陪同上司出差，最好主動在事前與上司溝通好，了解出差地的相關單位、所要接觸的人員、此次出差的目的等等，然後做好相應的日程安排。只有知己知彼，才能百戰百勝。因此，該提前了解清楚的，就不要拖到事情臨近時再急急忙忙地詢問，否則，到那時候不僅自己焦頭爛額、手忙腳亂，還會讓上司認為你能力不足。在了解相關的事項後，就應著手準備出差所需的事物，最後是注意時間。

　　「出差」算得上是一件好差事，對於整天悶在辦公桌前的職場新人來說，出差既能習得新技能，又能透過換環境放鬆一下自身的心情。掌握必要的出差辦公禮儀，也能讓你在工作上發揮得更加出色。帶上你的出差辦公禮儀，來一趟舒暢的工作之旅吧！

2.3.5　禮品贈送禮儀

　　贈禮作為人之常情，運用上很廣泛，現如今在許多遊戲、應用
程式中都開設了贈禮專欄，如 LOL（《英雄聯盟》的英文簡稱），
點開遊戲商城「贈禮中心」，選擇禮物和你想贈送的好友，點擊「確
定」就完成了贈禮。遊戲把贈禮的過程、禮儀都簡化了許多，而在
職場中，要送人禮物，可不能把禮物直接送給人家就算 OK 了，下
面一起來看看職場贈禮的那些「潛規則」吧（圖 2-35）！

圖 2-35　禮，要怎麼送？

　　世界各國由於文化歷史的差異，民族、社會、宗教的影響，在
饋贈問題上的觀念、喜好和禁忌各有不同，但有一個條件是共通
的──投其所好。

　　送禮並不只是一種禮儀或交際的「手段」，送禮的目的，是要
為收禮的一方帶來好感。想要獲得對方的好感，就需要先了解對方
的喜好，一件物品不論價值高低，總有人喜歡，有人不喜歡，送對

ㄟ！菜鳥仔
凱瑞你斜槓，開外掛，放大絕
|職|場|求|生|攻|略|

方喜歡的才是真正具有價值的。

既然是贈禮，禮品的包裝就不能忽視。

精美的包裝能使禮品的外觀更具藝術性和高雅的情調，並顯現出贈禮人的審美和藝術品味，既有利於人際交往，又能引起受禮者的興趣、探究心理及好奇心理，令雙方都愉快（圖 2-36）。這就好比「佛要金裝，人要衣裝」，灰姑娘要是還穿著那身破舊的衣裳去參加舞會，恐怕連舞會的大門都進不了，更別提得到王子的青睞了。

圖 2-36　幫禮物穿上精緻的「禮服」

選對禮物、有了精緻的包裝後，就該注意贈禮的場合了。贈禮場合的選擇十分重要，尤其那些出於酬謝、應酬或有特殊目的的饋贈，更應注意贈禮場合的選擇。通常情況下，當眾只贈禮給一群人中的某一個人是不合適的，因為那會使受禮者有受賄和被愚弄之

感，還會使沒有受禮的人有被冷落和被輕視之感。因此，最好在兩個人單獨相處的時候贈禮。

送禮給關係密切的人也不宜在公開場合進行。一般來說，對於關係密切的人，人們贈禮就會選擇相對貴重的禮物，以此來表現親密和友好。

送禮的場合應私下進行，以免讓眾人留下你們關係密切完全是憑藉物質利益的印象。並非所有的禮物都只能私下贈送，那些「禮輕情義重」的特殊禮物在大庭廣眾面前贈送反而能收到更好的效果，例如你為你的朋友畫了兩個星期的油畫。只有這類能表達特殊情感的禮物，才能在大眾面前贈予，因為這時大眾已變成你們真摯友情的見證人了（圖 2-37）。

圖 2-37　送禮別忘了「送」場合

作為社交活動的重要內容之一，商務贈禮表現的是一種職業連結，既是友好的、禮貌的，又是公務性的。古人云：「禮尚往來，往而不來，非禮也；來而不往，亦非禮也。」有人贈禮給你，你也

ㄟ！菜鳥仔
凱瑞你斜槓，開外掛，放大絕
|職|場|求|生|攻|略|

需要在恰當的時候回贈對方。在與客戶交往的過程中，贈禮既可以「敲門磚」，也可以當作送別禮。掌握贈禮的禮儀，可以讓自己的人際關係更加穩固！

2.3.6　職場七條不成文的規定

人在職場，如同身在江湖。行事有許多的限制，說話有一條模糊的「語言邊界」不能觸犯。從自身的形象禮儀到職場的商務禮儀，各方面都需要注意。你感覺自己已經十分小心翼翼了，卻還是屢屢犯錯？那是因為職場還有具有「隱藏屬性」的不成文規定（圖2-38）。

人際交往中，只是掌握了語言的禮儀技巧還不夠，首先要學會運用語言。在職場中不要隨便揭人瘡疤。如在《歡樂頌》裡，邱瑩瑩當眾揭發白主管，就是一個典型的錯誤示例：當邱瑩瑩在工作中受到白主管的一再刁難時，一氣之下，就把和白主管在一起時發現他是「渣男」的那些事全部抖了出來，鬧到最後，由於對公司影響不好，兩人都被開除了。「口無遮攔的人難保有天禍從口出」，一旦發生利益衝突了，就到處宣揚這件事的人，的確存在風險。人或多或少都有點不乾淨的事情，職場中很多事情也不能只看對錯，更重要的是要懂得權衡利弊、尊重他人的隱私。

圖 2-38　隱藏的職場禮儀，你知道嗎？

　　職場上有一條規則是──「不要隨便打聽別人薪資」。為什麼不要打聽呢？他薪資比你高，你不開心；你薪資比他高，他不開心（圖 2-39）。

圖 2-39　不隨意探聽別人的薪資

　　你不開心，他也無法開心；他不開心，你也無法開心。每個人

ㄟ！菜鳥仔
凱瑞你斜槓，開外掛，放大絕
職｜場｜求｜生｜攻｜略

或多或少都有這樣的好奇心，可是知道了別人的薪資，對自己一點幫助也沒有；知道薪資比別人高沒有用；知道薪資不如他人後會難過，這更沒有用，還是要靠自己付出努力，才能有所收穫。忽略這個尷尬的話題，大家都默契地不提，豈不是皆大歡喜呢？

在職場中，「EQ」是很重要的，同事間有發牢騷的時候，哪怕下班約幾個知己聊聊工作，都是再正常不過的事情，但是千萬不要當著同事的面逞一時口舌之快，一旦心術不正的人斷章取義加工渲染後傳播出去，就會使自己陷入尷尬的處境。因此，人前不應該說的話，背後也別說。

還有一條類似卻又有區別的不成文規定——不要挑撥離間。如果一個人不能為他的團隊創造一定的價值，最起碼不要成為製造麻煩的因素。「扯後腿」的人大家都不喜歡，愛挑撥離間的人更容易遭受大家的排斥。

勤學好問是好事，不懂就問也是最簡單易行的辦法，可是什麼問題都要問別人，也難免讓人覺得厭煩，尤其是面對那些一目了然、動動手指上網搜尋一下就能查到答案的問題；況且也打擾了別人的工作。有時候，你的同事或許沒有表現出來，但心裡已經默默地產生了意見，長此以往，你再有問題時，可能就會遭受「冷遇」。應當學會克服自己的依賴心理。

職場不像家庭，主管也不是你的父母，不可能無條件包容你的任性和為所欲為。職場上分上下級，就是為了區分上司和下屬的關係，從而保證團隊工作能順利展開，上級是站在團隊的綜合利益角

度考慮問題的，所以個人應該克服困難，尊重上級的決定，並服從上級安排。只站在自己的角度思考，覺得很吃虧，是自私的表現，很難被認可。

最後一條是加分項：注意細節！注意守時（圖 2-40）！細節能夠決定成敗，而守時就是在向交往對象傳遞「你對我很重要」的訊息。在與人約談中，應留下一些富餘的時間給自己，檢查自己的著裝儀表，為接下來的交談做好準備，也能避免一些突發事件，如路上塞車等。說話之道，處世的態度都是學問。除了以上這些，在職場的禮儀世界中，還有許多不成文的規矩在等待你去探索。

圖 2-40　有時間觀念

2.4　職場加油站

職場作為禮儀的重要匯聚場所，免不了會有一些限制，在其中周旋時，一不小心就會將它們擺錯位置。工作中想要處事得體、禮儀周到，卻難免有差池；有時候你不找麻煩，麻煩也要來找你，讓

你左右為難。例如同事向你提出一個你做不到的請求，直接硬邦邦地拒絕嗎？這樣「不友善」，無疑違背了職場中友善待人、樂於助人的禮儀條例，可是答應下來，卻變成為難自己，這時，我們需要一些小技巧來化解「困境」。你還在職場的各類瑣事中「摩擦」嗎？趕緊來學一學說話做事的藝術吧！讓自己能夠以「禮」服人（圖2-41）。

圖 2-41　讓禮儀變成「錦囊妙計」

2.4.1　「不吃虧」，反而吃大虧

俗話說「好漢不吃眼前虧」，許多職場新人都充滿了自我的個性，不肯吃虧，受到委屈時要罵回去，誰惹得自己不痛快了也要回敬對方，卻忘了「忍一時風平浪靜，退一步海闊天空」。在職場中，那些看似不吃虧的舉動，其實都是為將來的「吃大虧」做鋪墊。

　　例如，小 E 是剛入職場一個月的新人，一天，上司交給小 E 一份表格文件，叫她當天做好了馬上交上來。面對這突如其來的緊急任務，小 E 不敢怠慢，連忙著手查找相關的資料，快馬加鞭趕在下班之前做好了，放到上司的辦公桌上，誰知第二天卻遭到了上司的一頓痛斥，說小 E 沒完成工作就不負責任地下班了。原來上司並沒有看到小 E 交上去的文件。後來找到了原因，是因為小 E 將文件放在已經查看過的文件堆裡。可是當時覺得自己受了委屈的小 E，哪裡肯「背黑鍋」，用同樣差勁的語氣頂撞上司，結果還沒等到「真相大白」，小 E 就離職了。

　　在職場中明目張膽地與上司針鋒相對，即使表面上贏了，卻也是在拿自己的前程為代價（圖 2-42）。

圖 2-42　職場中不要與上司「針鋒相對」

　　逞一時口舌之快舒服了現在的自己，卻為難了以後的自己。不肯「吃虧」的小 E 在事情來的時候，沒有去思索為什麼自己明明把文件交上去了，上司卻沒有看到，反而因為上司的怒火而不服氣，

ㄟ！菜鳥仔
凱瑞你斜槓，開外掛，放大絕
職 場 求 生 攻 略

這樣貿然頂撞上司的結果，就是必須重新「104」了。

也許找工作還不算難，真正難的是改變這種「不肯吃虧」的脾氣。哪裡會沒有一點小摩擦、一點受委屈的小事呢？如果什麼虧都不能吃，即使重新找到工作，也很容易因為類似的事情再度離職。不僅是職場，在人際交往中也是如此，凡事都據理力爭的話，只會讓自己的生活「每天都充滿陰霾」。不要讓自己在人際關係中鋒利得像一把刀片，別人稍有不慎就把他們的皮膚割出一條血痕。

回到小 E 的那件事，如果她能控制好自己的情緒，冷靜地思考問題，最後找到答案，不但不用離職，說不定還會讓上司刮目相看。以為不吃虧卻吃了大虧，等於撿了芝麻卻丟了西瓜（圖 2-43）。

圖 2-43　不要撿了芝麻卻丟了西瓜

想做好事情，必然要承擔失敗的風險。勇於承擔風險、願意在這上面「吃虧」的人也是老闆所喜歡的。當一個由團體合作的大項目出了問題時，作為團體中的一員，你積極地站出來承擔相應的過

失和責任，這看起來很吃虧：老闆都還沒有開始「秋後算帳」，你就先湊上去給自己找麻煩了。其實，主動承擔責任就是化被動為主動，讓自己處在更有利的位置，同時也培養了自己的責任感，反而還能受到老闆的賞識。

「忍氣吞聲」是職場中最常見的生存法則，這並不是意味著要任人欺負，該堅守的底線還是要堅守的，只是要學會「大事化小、小事化了」的藝術（圖 2-44）。就像喉嚨裡卡了一根小刺，能嚥下去的就嚥下去，千萬別傻傻地讓刺繼續卡在喉嚨裡，或是拼了命地要把它吐出來。

圖 2-44　把大事變成小事，把小事變得沒有

在職場中，除了會做事，更要會做人。做事靠的是專業技能，做人則是一門藝術。常言道「吃虧是福」，急於爭取眼前的小利益，容易疏忽後面真正值得獲取的大利益，而你看似「吃虧」的那部分，命運往往會在更高、更遠的地方給予補償。

ㄟ！菜鳥仔
凱瑞你斜槓，開外掛，放大絕
|職|場|求|生|攻|略|

2.4.2 「不」，你應該這樣說

「這世界有太多不如意，但你的生活還是要繼續，太陽每天依舊要升起……」相信許多人都看過《武林外傳》這部江湖武俠劇，有多少人還記得《武林外傳》的這首片尾曲呢？

的確，生活和工作中有許多不如意，一些意外的傷害、人際關係的破裂，甚至錯過了末班車，都會讓我們的心情指數大跌。其實，有許多煩惱是可以「拒絕」的，只要掌握了說「不」的技巧（圖2-45）。工作中，當別人前來要求協助時，難免會遇到力不從心的情況，這時該如何拒絕呢？

圖 2-45　說「NO」——你怕了嗎？

當有人向你求助時，不管是讓你幫什麼忙、你能不能幫得上忙，都不要立刻拒絕。立刻拒絕，會讓人覺得你是一個冷漠無情的人，甚至覺得你對他有成見。要拒絕的話，試著先沉住氣，至

少也要「醞釀」五秒鐘的情緒再開口，給自己和對方一個緩衝的時間，讓對方即使被你拒絕也沒有那麼多的牴觸情緒。就像「溫水煮青蛙」的實驗那樣，把一隻青蛙放進滾燙的開水裡，牠會馬上彈跳出來；而把青蛙先放在冷水裡，再慢慢加火升溫，牠的反應就不會這麼強烈。除此之外，也不要隨便拒絕他人，太過隨意的語氣和表情，都會讓求助者產生一種「你不重視」的觀感。

真正有不得已的苦衷時，如果能委婉地說明，以婉轉的態度拒絕，別人還是會被你的誠懇所感動的。最好面帶笑容（圖 2-46）再搭配一些幽默。

圖 2-46　笑容能使你的拒絕變得溫暖

啟功先生是中國著名的書法家，一九七〇年代末，向他求學請教的人就已經很多了，以致啟先生住的小巷子終日有不斷的腳步聲和敲門聲，惹得啟先生自嘲道：「我真成了動物園裡供人參觀的大熊貓了！」有一次，啟先生患了重感冒，起不了床，又怕有人敲

門，就在一張白紙上寫了四句：「熊貓病了，謝絕參觀；如敲門窗，罰款一元。」先生雖病，卻仍不失風趣，委婉幽默地拒絕了訪客。

先向對方表示同情，或給予讚美，然後再提出理由加以拒絕也是一個不錯的辦法。由於先前對方在心理上已因為你的同情而拉近兩人的距離，所以對於你的拒絕也較能理解和接受。這樣做，類似於先給個甜棗再「賞個巴掌」，但總比「直接搧一耳光」讓人好受一些。除此之外，還有無言法——運用擺手、搖頭、聳肩、皺眉、轉身等身體語言和否定的表情來表示自己拒絕的態度，比較適用於羞澀型的職場新人。總之，不要因為性格內向等原因，就對別人的請求置之不理。

在拒絕的同時，如果能提供其他的方法就最好不過了，例如你是一名英語翻譯，有同事問你關於建築專業的英語翻譯問題，而你恰巧對這個領域不太熟悉，這時不要只顧著說「不會」，你可以告訴你的同事在這方面誰可以提供幫助，或是介紹他一些實用的翻譯軟體。幫求助者另外想一條出路，實際上還是幫了忙，也不會顯得你的拒絕太「生硬」（圖 2-47）。

圖 2-47　拒絕的同時出點主意

　　大膽地說出「不」字，是相當重要卻又不太容易的。有人喜歡直截了當地陳述其拒絕的理由，有人則需要以含蓄委婉的方法拒絕，不同的人有不同的拒絕方法。

　　在職場江湖混跡多年的「老油條」，基本上都練就了一張能說會道的嘴，拒絕人的同時，還讓人感到「舒服」。作為職場新人，雖不需要這麼「圓滑」，但關於拒絕的一些基本方法，多多少少還是要知道的。學會說「不」，可以讓你的工作和生活少些麻煩，也能多掌握一些與人相處的禮貌和藝術。

2.4.3　不要輕易對上司說：「我不知道。」

　　職場是一個大熔爐，職場中的工作精彩或是枯燥、快樂或是悲傷，都放在一個鍋子裡煮，煮出來的滋味自然是五味雜陳，讓人百感交集。上司問你的問題或分配給你的任務就是其中一瓢味道濃郁的鮮湯，有可能溫度適宜，也有可能「燙舌頭」。如果是面對後者，作為職場新人的你，想好要怎麼接招了嗎（圖2-48）？

圖 2-48　老闆拋給你的問題，你能否招架？

113

ㄟ！菜鳥仔
凱瑞你斜槓，開外掛，放大絕
｜職｜場｜求｜生｜攻｜略｜

能對上司給出的問題說「不知道」的人實在是勇氣可嘉，只是這勇氣在上司的眼裡是「誠實耿直」還是「不思進取」就不好說了。前面剛提到了拒絕的藝術，也許有人會想：既然直說「不知道」不妥，何不運用拒絕的藝術呢？何不委婉地拒絕呢？

這也許是個好主意。然而，一般這種情況下，上司並不會關注你的語言是多麼具有藝術性，他在意的是你能不能完成這個任務。因此，對於上司分配給你的有難度的任務，藝術地拒絕無法每次都派上用場，這不再屬於你「提供幫助」的範疇，而是你「應該完成」的事（圖 2-49）。之所以上面又說「這也許是個好主意」，是因為也的確存在你無法完成的任務。

圖 2-49　挑戰困難比拒絕要好

如果明知道自己實在做不到，還傻傻地答應下來，無疑是在替自己找麻煩。工作中有時會遇到上司額外加任務給你的情況，若你完成不了還答應，到時候延誤了工作，對自己和公司都不好。但光拒絕是不夠的，還要向上司表態自己擅長什麼。例如你的上司讓你

寫一份服裝行銷的方案，而你比較熟悉服裝設計這塊，這時你就可以先拒絕，然後說明自己擅長的領域，或者也可以提出可行性的建議，讓上司覺得你「另有用處」。

　　與上司談話時需要注意禮儀和措辭，太過緊張會變成結巴，太過放鬆會顯得張狂。這就像兩個彼此相望的極端，職場新人站在它們中間，明知道偏向哪一邊都不好，但往往無法維持平衡。「我不知道」這個職場中的中性詞因而被廣泛運用：比較羞澀的人會把這個詞當作自己的擋箭牌，不想做的事或者真的不知道的事就用它來推掉；比較狂傲的人會故意拿這個詞頂撞上司，明明知道，卻因為不願服從上司或者其他原因，偏說不知道。你可能已經發現，面對上司說「我不知道」的人，對其自身的情緒及狀態也會有影響，如果你經常對你的上司拋出這個詞，那麼最好先停下來，思考一下自己對工作的期待（圖 2-50）。

　　有時候，上司經常一有問題就會想到自己。許多人面對這種情況都十分不情願，總覺得上司在盯著自己、找自己的麻煩，但是換個角度想，如果上司對你提出的額外要求在合理的範圍內，例如讓你多處理幾份文件或是有什麼新的任務想讓你去嘗試，這也能展現出上司對你的器重。在這裡，先不討論怎樣做會讓你的上司更加重視你，而是討論怎樣做會斷送你的職場之路，一句「不知道」，很有可能帶來這些嚴重的後果。這句話不僅代表你的拒絕，還會附加上一種你不想思考、不願意負責的心態。當然，「我不知道」這句話本身並不帶任何褒貶義的色彩，若你的上司只是問你他的杯子在

哪，而你又確實不知道，那你大可如實相告。

圖 2-50　期待你未來的職場生活

　　說話是一門藝術，遇到自己解決不了或是不想解決的問題，直接對上司說「我不知道」是一種不負責任的表現，除了讓上司覺得你能力不足外，不能為你帶來任何幫助，你可能覺得自己躲過了一個大麻煩，但同時也可能讓你澈底在老闆心中被除名了，甚至會丟掉自己的「飯碗」。面對上司提出的難題，當然，這其中也有上司刻意刁難的情況，你直接扔出一句「我不知道」，既失了自身的禮儀，又討不到好處。放棄這種得不償失的做法，把阻礙你前進的那些「不知道」都化為知道吧！這樣才能讓自己的職場之路熠熠生輝。

第三章　職業技能

　　職業技能是就業者在工作中的技術和能力，相當於一篇文章中的核心內容；技能的發展和提升是一個面向目標不斷熟練化的過程，不斷磨練自身職業技能的過程，就像在不斷提煉文章核心內容，要取其精華，去其糟粕。職業技能並不是與生俱來的，而是透過一定的方式後天習得的，也不是一旦學會就可「高枕無憂」的。技能與知識密不可分，知識廣泛而深奧，技能也是如此。因此，要想獲得一技之長，保住飯碗，就需要持續地在工作中學習。

3.1 理念先行，新人「高」姿態

你怎樣看待自己的工作？對於工作，你有什麼想法？同期走進同一職場的兩個人，在兩年後、一年後，甚至半年後，工作待遇上的差別就能顯現出來，而兩人的工作態度、狀態也完全不同。有些人在職場中如魚得水，有些人卻舉步維艱、處處碰壁，難道這真的是個人天賦的問題嗎？

雖然天賦這種東西的確存在，每個人的天賦也的確有高低之分，可是它並不是在職場中拔得頭籌的關鍵。

別再拿天賦自欺欺人了，即使是笨鳥，也可以先飛。要拿出自己的高姿態，拿出自己的專業技能，發展自己的第二職業，適時「把自己的技能歸零」，去實現心中那個美好的憧憬（圖 3-1）。現在就開始行動吧！

圖 3-1　新人高姿態，做最棒的自己

3.1.1 提升專業技能，成為不可替代的一員

按下時間的按鈕，工作的旋轉門就輕輕地在你面前敞開了，你走進去時，踏著怎樣的心情呢？每個人有自己的模樣，在工作中也有不同狀態，有人每天都能超額完成任務，有人卻每天都在扯任務的後腿（圖 3-2）。職場中的優勝劣汰早已是眾所周知的，雖然沒有規定你一定要有多優秀，但在工作中表現糟糕無疑會影響個人的心情。專業技能是判定一個人工作能力的重要標尺，要想丟掉工作中的「龜縮」狀態，成為職場中不可替代的一員，就要用自身的專業技能來開闢一條職場黃金通道。

圖 3-2　你的工作狀態是怎樣的？

古希臘哲學家亞里斯多德認為，物體的下降速度與重量成正比，物體越重，下降的速度越快。千百年來，這被當成是不可懷疑的真理，但年輕的伽利略卻對此理論抱持懷疑，他在比薩斜塔上當

眾實驗，扔下了一重一輕兩顆球，在眾人的驚呼聲中，兩顆球同時落地了！千年的教條由此被推翻，一條新的科學定律：自由落體運動定律由此被發現。如果伽利略不是這麼思考，又照著自己的想法去實踐，那麼教條還會是人們信奉的真理，不會有任何改變。

事物投入到實踐中產生的現象、效果會改變人們原先對它的認知。在認知背景下實踐，在實踐中產生真理，這是提升工作技能最簡單易行的辦法。靈光一閃的想法很珍貴，不管這個想法是否讓你覺得荒謬、不切實際，都把它們記錄下來（圖3-3）。只有嘗試過才知道可以或者不可以，勇於質疑、勇於嘗試才有可能突破現狀。

圖3-3　抓住生活中那些靈光一閃的想法

比起失敗，不能汲取失敗的教訓才是更可怕的。俗話說：「吃一塹，長一智。」一次做得不好，第二次就盡量做好。經歷是個好東西，它使人進步和成熟。為了避免失敗，可以多和同行的高手交

流，這時候先別擔心自己會不會丟臉。針對一些經驗方面的問題與「前輩們」多多溝通，會讓你少走許多彎路，把這些走彎路的寶貴時間省下來，就可以完成更多的事。

　　找到自己的個人特色，並與工作相結合，是讓你在工作中變得無可替代的關鍵（圖 3-4）。

圖 3-4　你找到屬於自己的特色標籤了嗎？

　　如寫作，每個人的風格都不同，有些人寫的文字像一股涓涓細流，細緻動人；有些人寫的文字像滔天巨浪，震懾人心……找到最適合自己的文字，讓它們的排列貼上你個人的特色標籤，這就鑄造了你在工作中無可替代的部分。在你個人的工作中，如果你為人細心，辦事情快刀斬亂麻，乾淨俐落，就能在保證工作品質的前提下加快完成的速度，讓「快」成為你的代言詞。

　　職場工作是一種快節奏的忙碌，當與一個人或一件事相處久

ㄟ！菜鳥仔
凱瑞你斜槓，開外掛，放大絕
職　場　求　生　攻　略

了，就會進入一個厭倦期，這時候新鮮感消失殆盡，甚至還會出現「審美疲勞」，繼續讓自己陷入這種狀態只會使自己越來越缺乏動力。應學會及時調整自己的狀態，不讓自己成為一台超負荷運轉的機器，你要做的就是及時為不停運轉的大腦按下兩分鐘的「暫停鍵」。放鬆自己的心情能為工作注入新鮮的活力，提升工作的效率，當你驅除掉腦海中的疲憊因子後，會更加期待接下來的工作。

生命離不開呼吸，工作則離不開專業技能。要磨練一技之長，並且不斷地超越自己。我們從降生的那一刻就開始了人生的倒數計時，時間逐漸減少，而知識、經驗、工作技能在不知不覺中累積，這是一場用時間換取技能的公平交易。那麼，你有沒有用你的時間獲取到相應的知識和技能呢？

3.1.2　學會發展第二職業，不斷增值自我

第二職業也就是自身的「第二技能」。我們除了本職工作外，還能做什麼呢？現在流行的「斜槓青年」一詞，就是指一些身兼數職的年輕人（圖 3-5），例如一個人除了是導演外，還是作家／歌手／演員……斜槓青年在如今這個多元化的社會裡很「吃香」。那麼，如何發展自己的第二職業呢？

美國約翰·霍普金斯大學心理學教授約翰·霍蘭德提出了一個具有廣泛社會影響力的職業興趣理論：人的人格類型、興趣與職業密切相關。興趣是人們活動的動力，凡是具有興趣的職業，都可以提升人們的積極性，促使個人積極、愉快地從事該職業，而且職業興

趣與人格之間存在很高的關聯性。他把職業與人格特徵分為六大類（圖 3-6），每一類型的人都有相應的職業類型（對該理論感興趣或是對自己感到十分迷茫的，可以去搜尋與其相關的測試）。

圖 3-5　斜槓青年——我的生活不一樣

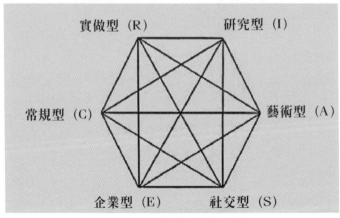

圖 3-6　霍蘭德職業興趣理論

ㄟ！菜鳥仔
凱瑞你斜槓，開外掛，放大絕
｜職｜場｜求｜生｜攻｜略｜

把自己的興趣愛好與工作結合是一個絕佳的發展方向。很多人現有的工作都不是自己喜歡的，當初選擇這份工作也許是迫於無奈或者其他原因，現在要發展自己的副業，便可以首先考慮一下自己的喜好。職業是用來養活自己的，而副業通常是從自身的興趣愛好發展起來的。

有些人把自己全身上下都摸索一遍，也沒有找到自己的興趣愛好，對那些琴棋書畫都不感興趣，並不代表就沒有發展第二職業的可能了，例如喜歡出去玩、喜歡旅行，可以在旅行時把沿途的風景拍攝、記錄下來，投給雜誌社，成為一名兼職寫手（圖3-7），在自己賺得稿費的同時，也記錄並分享了這趟旅行的經歷及感受；喜歡逛網拍的（看起來像是花錢的興趣愛好）也有其發展之道，可以自己開一間網路商店，賣一些自己喜歡的服飾、食品等。興趣愛好並不僅限於被大家熟知的那些才藝，條條大路通羅馬，只要能主動邁出腳步，前方的路便不難找到。

圖 3-7　一個正在攝影的旅行愛好者

　　發展了自己的第二職業後，依然要在工作中學習、成長，最好能夠把副業與本職工作的知識技能結合起來，讓你的副業成為你本職工作的好幫手。技術需要磨練，經驗需要累積，任何斜槓工作都不易，沒有哪個工作一開始就是輕鬆簡單的，必須走出自己的心理舒適圈，在新的領域裡快速學習。在最開始，甚至很長一段時間裡，可能你的付出都得不到回報（這種回報不僅限於經濟收入，也包括別人的認可），因此，在開始之前，就要為自己準備一個好的心態。

　　也許固定的工作時間讓你擔心沒有多餘的時間和精力再去發展第二職業，但時間是自己擠出來的。被稱為「亞洲小天后」的歌手蔡依林，相信大家都不陌生，《中國時報》評價蔡依林是「地才」，除了在舞台上拚命外，蔡依林另外還有一個「蛋糕師傅」的身份。

她對翻糖蛋糕（一種源自英國的藝術蛋糕，可以塑造出各式各樣的造型）十分感興趣，她自己曾透露一有時間就會去學做蛋糕，還為此報名了培訓班。二〇一六年，她的翻糖蛋糕作品——「夢露」在英國一場大賽中獲得了金獎（圖 3-8）。像蔡依林這樣「不務正業」的明星還有很多，所以，別再用「沒有時間」為藉口阻止自己發展的腳步了。另外，選擇了一條路後，也不要輕易動搖，當你走上一條路時，別條路上的風景就與你無關了。

圖 3-8　蔡依林獲獎的翻糖蛋糕作品

　　雙重職業除了能帶來雙份的薪資，還能帶來雙重技能，讓你擁有更廣泛的人脈，有形或是無形中都為個人帶來了價值，也是在為個人增值。發展自己的第二職業固然不錯，但前提是不要影響自己第一職業的工作。身兼數職時，個人需要兼顧好各方面的工作和生活，這也是一種對個人的能力的挑戰。對於這種雙倍人生，你準備

好了嗎？

3.1.3　專注於目標，持續地向既定目標前進

「徬徨」一詞在工作中似乎顯得極不專業，處在徬徨中的人，面對一天的工作任務會感到毫無頭緒，不知道要從哪裡開始，對於未來的發展更是茫然一片。與其讓你的時間就這麼毫無目的地揮霍掉，不如為自己定下一個目標，在迷霧之中為自己點亮一盞明燈（圖 3-9）。

圖 3-9　目標是指路的明燈

樹立一個目標時，需要根據自身的情況而定，在設定目標時，應找出設定目標的理由來說服自己，例如「在年底前取得多益藍色證書」，是為了幫助自己工作的發展，結識一些外國友人，了解不同地域的文化風俗。這既是在勉勵自己，讓個人對未來有一個美好的期待，同時也是一種提醒。

　　對於目標來說，限定一個完成時限是很重要的，如果不這樣做，你會發現目標好像變得遙遙無期。時間的限制可以具體到某年某月某日某時某分（圖 3-10）。除此之外，還需要知道達成目標的一些必備條件，例如你想進入華碩公司就任某一職位，如果知道它具體的錄取標準，就能更按部就班地達到公司的要求。知道這些條件後，對於「如何去完成目標」就會從模糊變得清晰。

圖 3-10　替目標設定一個時限

　　有了目標，有了完成它的理由、時限以及完成它的條件，必然要朝著目標出發，否則先前做的一切就全白費了。為了保持專注，為了理智地完成目標，就要追蹤記錄下自己完成目標的進度，並且時常檢查。如果每年檢查一次實施成果，一年就只有一次機會可以改正錯誤；每月檢查一次，那麼一年就有十二次改正錯誤的機會；若是每天檢查一次，就有三百多次機會！因此，衡量每天的目標

完成進度，就能多收穫一些，也能根據自身情況及時調整、修改自己的計畫。

如果對自己的行動力沒有信心，讓朋友監督也是一個不錯的辦法。找個可靠的朋友，把你的計畫和目標告訴他，有人在你想要放棄的時候監督你、鼓勵你，能適當地為自己找回一點信心和堅持下去的力量，這是一種共同進步（圖 3-11）。

圖 3-11　學會尋求朋友的幫助

人的潛意識是個奇怪而又無法抗拒的存在，生活中，人們有許多無法解釋的行為和狀態都是它的傑作，但是，潛意識是可以「聽話」的，掌握和運用自我暗示的原理，向潛意識發出指令，能夠幫助你更加專注地完成目標。找一個無人打擾的地方，閉上眼睛，將自己的想法和正向的情緒連結起來，大聲重複你要完成目標的理由（大聲是為了讓你聽見自己的話），晚上睡覺前唸一次，早上起床後唸一次。雖然這看起來有點瘋狂，但人的天性討厭約束，有時候需

要這樣機械化地重複提醒自己，才能避免自己陷入怠惰。

現在要問的是，你替自己定下一個目標了嗎？有目標就等於有了一個前進的方向，現在立刻出發，朝著你的目標前進吧！

3.1.4 不斷「歸零」，為大腦增添活力

學會捨棄無疑是在向人類的持有天性「造反」。

許多人寧願待在熟悉卻沒有發展空間的領域中不走出去，也不願意嘗試挑戰一個全新的領域，就這樣在工作中高不成低不就，渾渾噩噩或平淡無聊地度過每一天，而有的人明知道放棄熟悉的工作，重新踏入一個新的領域可能是「痛苦」的，卻依舊選擇讓自己蛻變。

放棄現有的固守和執著，從零開始學習一項新的技能，這看起來是很簡單的事情，做起來卻比想像中還要複雜，但是，在真正做好之後，它所帶來的回報也是難以想像的（圖 3-12）。

圖 3-12　從零開始，你能接受嗎？

小 K 進入一家公司，僅僅用了一年時間就得到了晉升的機會，而與他一同競爭的人，也是和他同一時間進入公司的小 Q，在學歷、經驗、辦事效率等方面都比小 K 高出許多，按理說，小 Q才是應該被提拔的那個人，為什麼最後

卻變成小 K 呢？

　　當然，小 K 並沒有「走後門」，提拔他的經理也不是「近視眼」，原因是，小 K 用實力證明了他真的可以。

　　小 K 剛入公司被分到了企劃部，雖然是處理一些簡單瑣碎的事物，但他沒有被這一堆小事嚇倒，每天忙碌奔走於這些瑣事中，除了做好工作上的每件小事，他還積極學習，樂於向人請教工作上的問題，刻苦勤奮讓他很快就在企劃部擁有了自己的一席之地。

　　當所有人都認為他會在企劃部安逸地當著他的「小主管」時，他卻主動申請調去公司的行銷部。

　　眾人都覺得詫異：對銷售什麼都不懂的小 K，為什麼要放著好好的企劃部工作不做，跑到行銷部自討苦吃呢？

　　小 K 並不在意其他人的目光，從零開始，在銷售部認真地學習，在一次工作會議中，他的企劃案因為「見解獨到、細節豐富」，在高手如雲的競爭中脫穎而出（圖 3-13）。

　　正是這次會議，讓公司的高層主管注意到他的適應能力，成了他晉升的關鍵，而依舊在企劃部平穩發展的小 Q，雖然也很優秀，卻因為缺少這種競爭力，就這樣錯失了良機。

　　在職場中，歸零就像蝴蝶破蛹而出，只有褪去過去舊的軀殼，才可能有新的成長，達到新的高度。

　　不斷歸零（圖 3-14）強調的是保持上進心，最重要的是有沒有不斷歸零的意識，有沒有忘記目前取得的成績或者榮譽，回到初始狀態重新開始的勇氣和決心。

圖 3-13　相信並且挑戰自己，才能迎來機遇

圖 3-14　不斷歸零，讓知識「綠色循環」

　　問問自己，現在的生活真的是你內心想要的嗎？你的心裡有沒有一點點掙脫的渴望？成績都是過去式，不斷歸零才能輕裝上陣。在自己「最得意」的時候退出，這在許多人眼中是不可理喻的舉動，然而，只有扔掉過往的包袱，時時刷新自己，不斷歸零，才能收獲更滿意的人生。

3.2　計畫第一，行動第二

　　沒有計畫的行動就像無頭蒼蠅四處亂撞，提前擬定計畫的目的

是為了更重視時間的流向，知道時間都花到哪裡去了。

　　計畫對時間管理是很有用的，就像在大海中對目的地制定了航行路線。如果說目標確定了你生活的走向，那麼計畫就是在幫助你走得更好、更快。

　　有了計畫卻不拿出來行動，計畫就變成了「一紙空文」，因此兩者須配合使用。心理學有個法則叫「二十一天定律」，說的是透過二十一天的正確、重複練習，就會養成一個好習慣，無論是戒菸、減肥，還是學習，都適用這一定律。

　　例如要減肥，就要先有計畫，每天做多久的運動、吃多少飯、用怎樣的方法保證減肥成功，且之後不反彈……根據計畫付出行動，才能養成一個好習慣，最終達到減肥的目的。現在就開始執行「計畫＋行動」吧！如此一來，我們就能夠更有效率地完成工作目標（圖 3-15）。

圖 3-15　計畫＋行動＝高效率

ㄟ！菜鳥仔
凱瑞你斜槓，開外掛，放大絕
｜職｜場｜求｜生｜攻｜略｜

3.2.1 拒絕沒有計畫的「瞎忙」

沒有計畫的生活如同一團亂麻，任何小事都有可能分散你的注意力。當許許多多不分輕重緩急的事情亂七八糟地堆在面前時，你還能輕鬆地 Hold 住嗎？為自己的工作制定一個計畫吧！有條不紊地完成工作也會使你的效率大增。

在每天早上或是前一天晚上就把今天一天的工作計畫列出來（圖 3-16）。與回顧、記錄一天工作和生活的日記不同，寫計畫是對接下來的事情做一個規劃，因此要有一種「先見之明」。首先要清楚自己今天工作的任務，然後按照事情的重要程度排序（注意！不論事情大小、難易，先把最重要的放在第一位），想要完美一點的，還可以替每個任務事項預估一個時間，建立自己的「評分系統」。

圖 3-16　寫下你的工作計畫

　　建立「評分系統」十分簡單：當你在預定時間內完成了工作任務時，就可以替自己加上一分，沒有按時完成的就減一分，累積十分就給自己獎勵，例如買份小禮物（獎勵依照個人的情況、愛好而定）。被扣掉十分的，就給自己一個懲罰，如做二十個深蹲（同樣可以根據個人情況而定）。當分數累積到一百分時，則可以給自己一個大獎勵，這個「大獎」最好是能夠更加激勵自己，但平時很少做的事，例如一趟短期旅行。在獎勵自己的同時，也要把積分歸零，為下一次的大獎做準備。如果「不幸」負了一百分，就要送給自己更為殘酷的懲罰了。

　　除了以上的「大計畫」，還可以做一個分解任務的「小計畫」。一項重要而又相對困難的任務，往往要消耗大量的時間和精力，既然它因為重要而排在你的任務之首，就需要優先完成，要是它的難度較高，最後往往會變成一隻「攔路虎」。你的時間不應該被這隻攔路虎全部吞掉，但也不能將它撇在一邊，這時，小計畫就派上用場了（圖 3-17）。

圖 3-17　分解計畫，讓你的工作更有效率

小計畫就是將大計畫中的任務一個個細分，預測每個任務的步驟、時間、分工、所用資料，把它們一條條列出來，還可以根據預測結果制定應急預案，以確保計畫能順利完成。小計畫其實就是寫出你解決重要問題的過程。

圖 3-18　做計畫，要先有目標

工作計畫是一個階段性工作的全面檢視，它能避免遺漏重大事項。將大小事情都有序排列也能讓人在工作中少走彎路。能否做好工作計畫並且依照其完成，是對個人職業素養與工作能力的一種考驗。別忘了，計畫和目標配合使用，效果會更好（圖 3-18）！

3.2.2　分類待辦事項

工作有它自己的屬性和分類，就像物種分為界、門、綱、目、科、屬、種七個類別，各類別下又有不同的類別屬性。例如雪松，它是一種樹木，又歸類為松科、雪松屬。在工作中分類待辦事項，有利於系統性地、全面地規劃我們的工作。當我們要在一片茫茫森林中快速清晰地了解一棵樹的特徵時，先知道它的分類和屬性，就會方便許多。

對接下來要完成的工作事項進行分類，將要辦的事情按照緊急程度和重要程度劃分在四個區域：重要而緊急的事情、重要但不

緊急的事情、不重要但緊急的事情、不重要也不緊急的事情（圖
3-19）。透過這種歸納整理，工作中的大小事項就變得簡單易行了。

分類待辦事項

圖 3-19　把待辦事項劃分到四個區域

　　將待辦事項大致分類後，將重要緊急的事情列出來（注意最好
不要超過三個），開始處理並完成這一類事項。如果你覺得不夠細
緻，還可以根據事項的執行地點、需要用到的工具、相關人員或單
位、性質等來分類，可以用不同顏色的便利貼標示，例如藍色標籤
代表會議事項、紅色標籤代表辦公室事項等，把這堆雜亂如麻的待
辦事項一條一條清楚地理順。

　　列一份「瑣事」清單，把那些不太費腦力而且沒有嚴格時限的
任務都放在這份清單裡。大腦累了需要休息的時候，就去做這份清
單上的事。大多數時候會產生一個奇妙的結果：搞定幾個簡單事項
之後，精神似乎又恢復了，能全身心投入到更重要的任務中了，這
會比你腦袋裡總是裝著這些小事情卻又不得不完成重要的事情，效
率要高得多（圖 3-20）。

ㄟ！菜鳥仔
凱瑞你斜槓，開外掛，放大絕
｜職｜場｜求｜生｜攻｜略｜

圖 3-20　不要讓瑣碎的事情纏住你

　　現在有許多管理待辦事項的應用軟體，手機的日曆也可以用來管理待辦事項。甚至只需要一張便利貼。運用這些工具，將占用大腦記憶的待辦事項全都移出來，大腦便不會被多餘的事情打擾，而可以集中精力在該完成的事情上面。

　　有了分類事項的工具，知道該如何規劃待辦事項，掌握了處理待辦事項時需要注意的細枝末節，做事的效率就能更加提升了。

3.2.3　控制工作的完成時限

　　光是替自己制定計畫、列出什麼時候要做什麼事情，你以為這樣就 OK 了嗎？當然不是。沒有時間的限制，你所寫下的待辦事項就是一匹匹脫韁的野馬，你不知道牠們帶著你奔跑的時候會耗掉多少時間，你的計畫也會因此失去應有的效果。應當學會劃分你的時

間，把這些時間派給相應的任務，你會發現，同樣的計畫，你可以比別人先行一步完成（圖 3-21）。

根據工作的難易程度，結合自身設置相應的時間，為自己設定一個相應的時間上限，然後在工作中保持投入狀態。例如，如果一個任務通常要花三個小時才能完成，可以將時限設置成三小時。三小時後，你就會驚奇地發現，你在時限內完成了所有任務！心情激動澎湃，完成接下來的事情也就更有動力了。當然，剛開始的時候，你也可以選擇適當放寬一點時限，如果一開始就扔給自己一大堆時間緊迫的高難度任務，很容易讓自己「知難而退」。

圖 3-21　為工作事項劃分時間

不要執著於完美。這一點對於許多工作中的「強迫症患者」來說，算得上是影響工作效率的致命傷。他們往往該出手時出手了，該撤時卻撤不回來；總想著把一件事做得更好、更完美一點。所帶來的結果通常就是：做好了一件事，然後剩下的事變成了一團糟。就好比你手中有三塊同等大小的玉，等著你在一天之內雕琢完，你要把這一天的工作時間分成三份，而不是花三分之二的時間去精雕細琢第一塊玉，導致剩下的兩塊只能在最後三分之一的時間裡草草了事（圖 3-22）。

圖 3-22　分配同等的資源給同樣的任務

　　對於你工作中的待辦事項，根據標明的處理日期和時間來執
行，千萬不要亂調整。例如，你已經寫下星期五早上要處理的事
項，可能你又想要提前在明天處理，請抗拒這種衝動，因為這種習
慣會打亂你的時間秩序，你提前完成了一件事，也有可能拖延另一
件事，接著你的計畫全都亂了套。不按照計畫的時間來工作，最後
很有可能浪費掉這個計畫，連帶浪費了你辛苦訂定計畫的時間。

　　時間這種東西看不見摸不著，也無法儲存，你難以感知，可是
它卻真實地存在，它的流逝對於任何人都是同樣的「不留情面」。
時間管理就是要找到自己的「優先級」，如果顛倒順序，讓一堆瑣
事占滿了時間，重要的事情就沒有位置了。替你的計畫加上一個時
限（圖 3-23），制服那些可能脫韁的野馬，保證在接下來付諸行動
的時候，不會忘記時間這個消逝得飛快的傢伙。

圖 3-23 用時間來管理計畫

3.2.4 處理事項時，永遠記住「要事第一」！

生活就是這樣，有無數重要的事情被埋藏在緊急的事情中，在重要的事情之前，往往有些不重要卻又緊急的事情攔著你，可是當你處理完那些緊急的事情後，卻又錯過了重要的事情。就像一場左右夾擊，往兩頭拉扯著你腦海中繃緊的那根弦。所以，到底要怎麼辦呢？

處理事項的祕訣就是：有條理地強制自己注意那些重要的事情，壓抑對緊急事情的衝動（圖3-24）。

圖 3-24 重要的事放在第一位

不知道你有沒有聽說過帕累托法則（Pareto principle）——人如果利用最高效的時間，只要兩成的投入就能產生八成的效率；相對來說，如果使用最低效的時間，投入八成的時間只能產生兩成的效率。因此，一天中頭腦最清楚的時候，應該放在最需要專心的工作上，也就是處理最重要的事情。在最有效率的時候除掉重要事項這根「心頭刺」，就能讓你在接下來的工作中能行雲流水般不疾不徐地完成任務；相反，若是在你最疲憊的時候去處理最重要的事情，則工作的壓力會在你的疲勞心態下膨脹、發酵，讓你變得更加力不從心，從而陷入一種惡性循環。

對於大多數人而言，一天中工作最有效率的時候無疑就是早上了。經過一晚上的睡眠調整，第二天起來的時候已經恢復了自身的元氣，精力充沛，在這個時候開始完成工作中最重要、最棘手的事情，實在是再好不過了（圖 3-25）。

圖 3-25　在效率最高時完成最重要的工作

　　小 W 是一個剛入職場的菜鳥，她坐在辦公桌前開始一天的工作時，看到電腦裡經理剛剛傳給她一大堆檔案。小 W 還沒有全部瀏覽完，看到其中比較感興趣的任務檔案，就點進去處理了。做到一半時，經理問她最先發過來的重要檔案是否已經完成。但小 W 壓根還沒開始！可她也只能先回覆「正在進行中」。經理催她加快速度，要在上午十點之前交過來。結束與經理的對話後，小 W 急忙調出那份檔案開始處理。不巧的是，這時又有客戶傳給她一封緊急郵件，需要馬上回覆。如果小 W 回覆了郵件，那麼她在十點之前就完成不了經理交代的重要任務，如果她繼續完成任務，無疑又會耽擱客戶的郵件。

　　類似的情況，在日常生活中並不罕見，幾乎每個人都遇過這種狀況。小 W 因沒有計畫性地工作、沒有事先處理重要的檔案，而讓自己陷入了兩難境地，但當緊急的事情突然跑到重要的事情面前時，到底要怎麼辦？

　　任務要完成，郵件也要回覆，回覆郵件顯然屬於緊急而不重要的一類，但是如果不能按時完成重要的任務，將會直接影響到小 W 的工作，工作都沒了，還談什麼客戶呢？先難後易會提升工作效率，因為，這時個人的心態已經產生了變化：我已經把最重要的事情完成了，接下來的事情就輕鬆多了！當心情放鬆下來後，工作也會變得簡單易行。

　　想要分散你注意力的「麻煩事情」是無窮無盡的，身邊各種不安定的因素都有可能干擾工作，你要忽略掉內心那些搗蛋的請求，

ㄟ！菜鳥仔
凱瑞你斜槓，開外掛，放大絕
|職|場|求|生|攻|略|

例如吃零食、回覆訊息等，以便能夠完成重要的事情（圖 3-26）。

圖 3-26　排除其他干擾，專心做自己的事情

　　「先把重要的事情做完」是一個可行性很高的方法，但不一定適合每一個人。有些人就習慣於透過完成簡單易行的事來使自己逐漸進入工作狀態，然後再處理難度高的重要事項。這並無不可，只要能確保在規定時間內完成任務就行了。能找到適合自己的工作方法是最好的，如果現在的你還沒有找到，那就別管難易程度，先學著處理最要緊的事情吧！

3.2.5　適當放慢腳步，提升分析總結

　　有時候你會發現，工作中有太多事情處理不完，你不敢停下腳步，卻怎麼也跑不快。當你發現自己是這種狀態時，或許應該先放慢腳步，回頭看一看自己的工作，想想自己在工作中所經歷的那些

問題的前因後果，對一個時間段的個人工作情況進行一次全面、系統性的檢查。

不要當一個不停旋轉的陀螺。一直運轉的思維也需要得到片刻的放鬆和休息，如果懶得做分析總結，只是自己一味埋頭苦幹，很可能連跑偏了方向都不知道（圖 3-27）。

圖 3-27　分析總結——小方法有大作用

你知道自己在工作中經常保持著一種怎樣的狀態嗎？如果你有寫日記的習慣，那麼這個問題就不難回答。寫日記會為個人提供反思、自省的機會。對於自身的狀態，透過記錄，當然也會有更進一步的了解。寫工作總結在很大程度上與寫日記相似，都是對過去一段時間的回顧，只不過工作總結附加了一點條件，它需要個人站在一種客觀、理性的角度來看待問題。

知道自己在工作中有哪些收穫、哪些不足之處；知道自己的時間用在哪裡、浪費在哪裡，才能知道改進的方法。分析總結能幫你

輕鬆搞定這一切，這是一個能讓你在工作中節省很多精力的小撇步，定期進行一次分析總結，不會占用你太多的時間，卻能為你帶來時間上的豐厚報酬。

應審查自己的不足之處，例如你的手上總是有很多事情做不完，這個時候，你就要想想，是不是工作的方法不對，導致工作效率不高，所以工作才會越積越多。如果是這樣的話，就需要反省自己，在以後的工作中改進自己的工作方式、提升辦事效率，在規定的時間內完成各項工作，特別是及時完成重點工作（圖 3-28）。

總結是對過去工作的回顧和評價，因此要以事實為依據。如果洋洋灑灑地寫了一大篇，只是為了誇讚自己或是否定、批判自己，就失去了分析總結的意義，變成了單純的寫作文。

不論好壞，都為自己做一個客觀、理性的總結吧！也許這不是一件你非完成不可的任務，但是，它絕不會是一件多餘的事情。

3.3 管理你的時間

時間（圖 3-29）就是金錢，能夠妥善管理自己的時間，就是在累積自己的財富。在職場中，能夠節省下比別人更多的時間的人，就能完成更多的工作，為自己贏得更多的機會。

圖 3-28　分析總結能產生許多
好主意

圖 3-29　時間沙漏

　　管理時間有很多種方法，消滅拖延症、做好計畫、利用零碎時間等。例如幫自己定番茄鬧鐘，一次只做一件事，並且保證二十五分鐘的專注時間，透過這種方法能夠有效提升工作效率。長此以往，意識與身體就達成了時間上的默契配合，即當番茄鐘開始的時候，你能夠快速進入工作狀態。

　　時間管理方法就是用技巧、技術和工具幫助我們完成工作，達成目標。並不是要把所有事情都做完，而是更有效地運用時間、降低不確定性。只要妥善管理好自己的時間財富，就能為自己的人生創造更多的奇蹟。

3.3.1　工作進度慢，不全是拖延症的錯

　　每天都很忙碌，但是工作依舊進展緩慢；你感覺已經耗盡了體內的「洪荒之力」，卻還是缺乏績效；時間輕輕一晃就不見蹤影，

你望著還差一大截的工作，不知道剛剛做了些什麼……許多人在工作中都有這樣的問題，也習慣於把這些問題歸結在「拖延症」上。

的確，拖延症容易背黑鍋，未按時完成任務的話，大家往往會怪罪它（圖 3-30）。但是，工作沒有效率，真的全是拖延症的錯嗎？拖延症表示我不依！

圖 3-30　拖延症──被時間「拖」著走

工作中會拖累你工作進度的元兇之一就是手機。有沒有發生過工作到一半，手機「叮」的一聲響了，然後你情不自禁地把手機拿出來看的情況？如果有，別慌，你不是孤獨的，很多人都有這樣的問題。人類天生就喜歡關注那些需要立即回應的事情，現代科技已經進步到可以利用我們對緊急事情的嗜好了：FB、LINE、IG 等爭先恐後地想要搶走你的注意力。但幸運的是，有一個簡單的方法可以解決它：關掉所有的通知提醒，當你不用工作的時候再去處理那些事情。例如，在飯後休息時，再把那些訊息處理掉。這樣就可以保證你在工作中能全神貫注，節省更多的時間。

很多人都缺乏時間概念。如果你知道你的一小時值多少錢，時

間管理就變得容易多了（圖 3-31）。按照你的薪資來算，假如你的一小時值六十美金，那麼你就要知道，在工作中浪費十分鐘相當於損失了十美金，每天都浪費十分鐘的話，一個月算下來就是三百美金，問你心疼不心疼？

　　在工作中抓不住重點也是一個令人頭疼的、降低工作效率的「兇手」。關於工作重點，有一個很典型的事例：威廉和約瑟夫一同進入公司，最後總經理卻只提拔了約瑟夫當部門經理，威廉表示很不服氣，去找總經理理論，總經理只是微笑地看著他，說：「威廉，請你馬上到集市上去，看看今天有賣什麼。」威廉很快從集市回來，向總經理報告剛才集市上只有一個農夫拉了一車馬鈴薯叫賣。「一車大約有多少袋，幾公斤？」總經理問。威廉又跑去集市，回來說有十袋、五十公斤。「價格是多少？」威廉再次跑到集市上，當威廉回來的時候，總經理對他說：「休息一會兒吧！你可以看看約瑟夫是怎麼做的。」

圖 3-31　時間就是金錢

　　總經理要約瑟夫完成同樣的事情，結果卻大不相同。他很快從集市回來，向總經理匯報說：「到現在為止，只有一個農夫在賣馬鈴薯，有十袋共五十公斤，價格適中、品質很好。另外，這個農夫還有幾筐剛採摘的小黃瓜，價格便宜，公司可以採購一點。我帶回了馬鈴薯和小黃瓜的樣品，還把那個農夫也帶來了，他現在正在外面等候。」聽完約瑟夫的匯報，總經理非常滿意地點了點頭。而這時，站在一旁的威廉也明白了一切。

　　在這個故事中，兩個人做同樣一件事，卻用了不同的時間，比較慢的威廉反而還是最吃力不討好的那個。由此可見，做一件事情，要找對方法才能事半功倍（圖 3-32）。

圖 3-32　別讓「漫無目的」的工作吞沒了你

　　所有的事情都自己攬下來，不懂得與他人一同承擔，也會拖延你的工作。當這樣的「地主」，並不會讓你的身家富可敵國，相反，你還要倒貼許多寶貴的時間出去。說實話，你不需要成為一個

職場中的萬能小王子（或者小公主），你只需要有效率地完成自己的工作，並且培養自己快速的節奏感。

一味地沉溺在工作中，不懂得休息和放鬆，也極容易成為工作的困擾。你以為不停地工作就是在提升效率？你的身體可不是一台機器，即使是機器人，也需要充電啊！沒有時間休息的人，早晚都要生病的，到那時，不僅會消耗更多的時間，還會為你的身體帶來痛苦。應學會停下工作，休息一段時間，幫自己「充電」，為接下來的工作創造更好的精神狀態（圖 3-33）。

圖 3-33　休息時間就放鬆自己

眾所周知，睡眠（圖 3-34）會影響注意力、記憶力和認知能力，因此，你的時間不只要在工作中管理，生活也同樣需要。不隨意占用睡眠時間也是在幫助你管理工作的時間。不然，前一晚沒睡好，隔天工作時頻頻打瞌睡，即使把計畫做得再周詳，你的精力也跟不上你的狀態。

圖 3-34　給自己一個好的睡眠

　　看到這裡，你還覺得自己的工作效率低只有「拖延症」這一個原因嗎？

　　壞習慣可以像不斷滋生的病毒那樣讓你難以遏制，但這無法成為偷懶的理由，你必須努力克服，就像你在吃東西前都會透過高溫替食物殺菌滅毒一樣。當你真正能高效率地工作之後，會驚奇地發現，從前不停干擾你、扯你後腿的壞習慣已經收斂了許多。你不必感到驚訝，因為你已經能夠收放自如地掌控它們了。

3.3.2　上班的第一個小時，決定你一天的效率

　　一年之計在於春，一日之計在於晨（圖 3-35）。早上開始工作的一小時你都做了些什麼呢？是還沒有從睡夢中清醒過來？是一邊工作一邊狼吞虎嚥地吃早餐？還是已經全神貫注地投入到工作中去了呢？無論是在做什麼，上班的第一小時都至關重要，它決

定了你這一天的工作效率。

那麼，如何運用上班的第一個小時，才能讓它的「價值」最大化呢？

圖 3-35　早晨，新的開始

當開始工作時，人們很容易衝進去，一頭埋在工作裡，但是成功的人往往不這麼做。看見什麼就處理什麼，這樣會錯過一些重要的事情。面對一天的新工作，應該在開始工作前，先將所有的工作整理一遍。這個方法的目的很簡單，就像你今天要認識一群陌生人，你會先熟悉他們的臉和個人最為直觀的特徵一樣。你若想更好地列出重要事情，可以看看自己更大的目標，寫下需要思考的事。

早上是你更新這一天日程表的最好時間。人們通常不願意在剛開始上班的時候就著手處理那些困難的問題，許多人都有一種「在開始就完成那些困難任務，會影響一天的好心情」的想法，因此困

難項目常被擱置一邊。然而，現實往往喜歡跟人們的想法作對，真實情況是：第一件事就是要處理那些困難的項目，這樣，困難的項目就不會纏繞你一整天。

　　一大清早就處理掉一件你不想做的麻煩事有很有好處。與之相關的上級主管和同事都不會再來煩你，你可以在沒有壓力和干擾的情況下，愉快地按照自己的進度完成接下來的工作。千萬不要以為上班的第一個小時只需要制定好計畫就可以了，計畫是為了讓你能更好、更快地完成工作，也是你開始工作的一個緩衝期，但不是用來拖延的藉口（圖 3-36）。

圖 3-36　擬定好計畫就開始行動吧

　　工作的第一個小時，會影響一天其他時間的心態和生產力水準，也就是會決定你這一天的效率。所以應該替自己安排一個好的開端，在工作開始之前，先給予自己一點鼓勵，用幾個深呼吸來放鬆一下自己。規劃好一天的工作，讓美好的一天從早上開始。要知

道，聰明的人往往捨不得浪費早晨的時光。

3.3.3　番茄工作法，只需二十五分鐘的專注

也許你已經了解過番茄工作法，也許你壓根就不知道這是什麼東西，不論你知不知道，番茄工作法在管理工作時間、提升效率等方面都具有它的價值。

番茄工作法（pomodoro technique）是弗朗西斯科·西里洛（Francesco Cirillo）於一九九二年創立的一種相對於 GTD（Getting Things Done 的縮寫，「把事情做完」的意思）的、更微觀的時間管理方法，番茄工作法把時間變成了一個有趣的番茄鬧鐘（注意！不是像番茄一樣的鬧鐘）。一起來看看這些番茄鬧鐘的使用方法吧（圖 3-37）！

首先，你需要有一個定時器，或者下載一個番茄鬧鐘的 APP。一個完整的番茄時間為不可分割的 25 分鐘，不存在半個或一個半番茄時間，你若「劈」開了這個番茄鐘，就代表它已經作廢了。

當你的二十五分鐘開始時，就專心地投入到工作中去，二十五分鐘結束後，休息五分

圖 3-37　番茄鬧鐘，二十五分鐘的專注

鐘，這樣就變成了完整的半小時，完成兩個番茄鐘就是一小時，連續完成四個番茄鬧鐘後可得到一個福利：休息半小時（圖 3-38）。

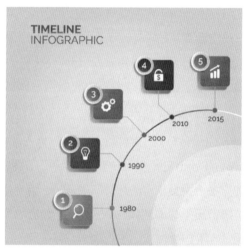

圖 3-38　番茄鬧鐘，合理分配時間

　　在這個半小時休息裡，不要染指任何工作，完完全全按照自己的放鬆方式休息即可。當然，一個番茄時間內如果做了與工作任務無關的事情，那麼該番茄時間也要作廢，即使你已經連續完成了三個番茄鐘，但如果在第四個番茄鐘的時候出了差錯，也照樣要從頭開始。

　　看到這裡，想必你已經產生了不少疑惑，例如，為什麼一定要二十五分鐘？開始番茄鐘後，又有緊急任務打擾怎麼辦？番茄鬧鐘要怎麼記錄？……別急，一個完善的工作法是不會只有這點內容就結束的。

　　先從二十五分鐘說起，根據追蹤調查，大部分人保持一種持續專注的狀態不超過半小時，過後即使還能集中精力，效率也會大大降低。因此，與其一小時內工作五十分鐘、休息十分鐘，不如把它們拆分開來，一次只做一件事，效率會更高。當然，這個時間不一定符合每個人的工作狀態，你可以在熟悉使用方法後，按照自己的時間表進行調整。

　　突發事件是無法避免的，如果在這中間出現了一些臨時事件——例如你突然想起來要做什麼事，有兩個選擇：①非得馬上做不可的話，停止這個番茄鐘，並將它「下架」（哪怕只剩下三分鐘就結束了），完成緊急事件之後再開始一個新的番茄鐘；②不算緊急任務的話，在列表裡該項任務後面標記一個逗號（表示打擾），然後接著完成這個番茄鐘。每天開始的時候規劃今天要完成的幾項任務，將任務逐項寫在列表裡，然後啟動番茄鐘逐一完成。值得注意的是，番茄的數量不可能決定任務最終的成敗，因此不要太過追求番茄鬧鐘的數量而忽略了工作的品質（圖 3-39）。

圖 3-39　要把工作品質放在第一位

　　如果有同事和你一起使用番茄工作法，不用管他，更不用拿自己的番茄資料與同事的比較，攀比心理會讓你越來越患得患失。並不是別人比你多幾個番茄鐘就代表他的能力比你強，站在客觀角度上講，沒有任何人和你站在同一起跑線上，所以也沒有可比性。

　　最後，在非工作時間內，不要使用番茄工作法，例如用三個番茄時間和朋友下棋、用五個番茄時間釣魚等等（圖 3-40），否則反而會破壞你的大好興致。番茄工作法還是最適宜用在工作上，不要讓你悠然的生活也被這種緊張的工作節奏打亂，在休息日的時候大可脫離番茄工作法，痛痛快快地去玩。

圖 3-40　不要讓番茄鬧鐘打擾了你的休閒娛樂

　　番茄工作法透過記錄的方式，把大腦中的各種任務移出來，這樣，大腦可以不用塞滿各種需要完成的事情，能把精力集中在正在完成的事情上。如此，既不會被堆積成小山的工作淹沒，也不會在工作中失去效率。提出 GTD 的大衛·艾倫（David Allen）曾說：「始終如一地堅持做一些看似瑣碎的小事，長此以往，將會產生重大的影響。」番茄鬧鐘就是這樣，把每一個看似不起眼的二十五分鐘收集起來，堅持下去，就會因量變而產生質變，最終走向成功。

3.3.4　便利貼的正確使用方式

　　生活中不能缺少記錄，工作也是一樣的。在工作中，時常會有些突發事件、瑣碎小事，甚至是你偶然閃現的靈感來打斷你的工

作，你若是將其擱置在你的腦海裡，必然會為你的工作帶來影響，這就像你的手指被熱水燙了一下，儘管此時你的手指已經離開了滾燙的熱水，但是疼痛感還停留在你的手指上，因此，你需要盡快將這種疼痛感移除。

怎樣減少工作中「疼痛感」的干擾呢？這就需要使用迷你筆記──便利貼（圖3-41）來提供幫助了。作為方便攜帶的記錄幫手，便利貼能夠收納你在工作中靈光一閃的好點子，也能夠及時地為你保存一些突發的緊急事項。可不要小看這一工作中的常見物品，它能夠用它的小體積，幫人們節省大量的時間。然而，一件好的物品能夠產生多少價值，往往在於它的主人怎樣使用，你還在為工作時間不夠用而煩惱嗎？現在就來學習用便利貼管理、儲存時間吧！

圖3-41　用便利貼收錄你的瑣事與靈感

便利貼是一種小紙條，紙條背面帶黏性，一般體積較小，因此

便於攜帶，也方便進行隨手摘錄，它的最大用途，就是能夠記錄自己的隨筆和一些瑣碎的事情，但是，你可能會遇見一種情況：當你的靈感不是一閃而過，而是文思泉湧（又或者不斷有瑣事發生需要你記錄）時，你需要不斷地記錄下來，其結果可能就是，便利貼貼滿了電腦螢幕，甚至已經遍布了你的辦公桌。儘管你將需要的東西都記錄下來了，但是在茫茫紙海裡尋找你需要的那份靈感或是某件瑣事，絕不是一件令人開心的事情（圖 3-42），你可以選擇購買那些有色彩分類的便利貼，不同的顏色代表不同的項目，然後將一類顏色的便利貼集中貼在一處，不將顏色混雜在一起，同時也可便於尋找。另外，東西一多，尋找上就會比較困難，最好在處理完一張便利貼上的事情後，就將那張便利貼轉移到旁邊的垃圾桶裡。

圖 3-42　別讓你的便利貼貼得到處都是

便利貼的身材小巧玲瓏，一張紙能夠容納的字數有限，在記錄時便要求個人具有標出重點的能力，通常，紀錄是越簡單明瞭越

好。例如你現在要記錄這樣一件事情：明天上午九點在公司二十二樓開會，討論產品銷售的方案，會議內容很重要，需要準備筆和筆記本以便記錄。你可以去掉細枝末節，記錄成「明天上午九點準備筆和筆記本去公司二十二樓開會。」在記錄這類事項時，便利貼的功能就變成了消息提醒，若你在重點之外還婆婆媽媽地寫上一堆注意細節，便很容易混淆主次，到時候，帶來的閱讀感受也不是那麼如意。

你覺得自己有很好的標重點能力了，一段冗長的話能快速轉化成一個精簡的句子，於是你打算把多個事項簡化後合併在一起。但是，你最好不要在它這裡發揚節約精神，不要把一堆事擠在一張小小的紙上。還記得之前提過的「一次只做一件事」嗎？這一方法在寫便利貼的時候也同樣適用。

便利貼可以很方便地解決一些容易忘記卻想提醒自己的事，培養自己有想法就將其記錄下來的習慣，之後你就可以放心地忘掉，這樣大腦才有多餘的空間去發現、思考新的事物。

由於便利貼具有可黏貼性，因此可以多次黏貼，不需要重新塗改和謄寫，還可以利用其進行排列，組成你需要的某種形狀，具有極佳的可調整性（圖 3-43）。

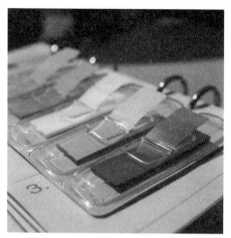

圖 3-43　便利貼，方便黏貼與排列

　　能夠專注地投入工作，就是在節省時間。要想專注地投入到工作當中去，最好是建立一個不被人打擾的工作環境，隔離自己，構建一個私人工作空間。而在現實中，要達到這樣的私人空間，對於職場菜鳥來說無疑是困難的。但是，便利貼可以幫助你塑造自己的「私人空間」，不使你的注意力向各處流去，幫助你更好地掌控工作。

3.3.5　完成工作的最佳時間是昨天

　　今日事今日畢（圖 3-44），今天的工作任務不要拖延到明天。不然一天天拖延下去，任務會越積越多，最後只會壓得自己喘不過氣，這也是造成缺乏效率和生產力的重要原因。兵貴神速，有效率的人通常不會壓底線做事情。今天只需要做今天的事，把應該完成

的工作留在昨天，我們可以從哪些方面管理時間呢？

圖 3-44　今日事今日畢，贏得高效率

帕金森定律（Parkinson's law）認為，低效率的工作會占滿所有的時間。例如一個閒來無事的老太太，為了寄一張明信片給遠方的外甥女，可以花上一整天的工夫：找明信片要一個鐘頭、查地址一個鐘頭、寫信兩個鐘頭，然後，送往鄰街的郵筒投遞，出門之前還去問鄰居究竟要不要帶把傘。

一個效率高的人在三分鐘內就可以辦完的事，另外一個人卻要操勞一整天，最後還免不了被折磨得疲憊不堪。因此，處理一件事情時，應盡可能地刪除掉身邊不需要的東西、重複而徒勞的過程，甚至是你的一些個人想法。最有效率的辦法就是把一件事變得簡潔明瞭，避免讓一些低效率的瑣事占用你的時間。

因為太多的意外襲來，因為毅力不夠或者動機不強，我們有很

多計畫和工作都被改成：明天再說、明天我會好好完成的……不要相信這些自欺欺人的謊話（圖 3-45）。

圖 3-45　拖延工作，工作只會越積越多

「等一下再做」，那現在做什麼？現在做的事，會比你擱置的工作更加重要嗎？晚點再做，你的工作真的會做得更好嗎？面對需要完成的工作，拖延只會加速消化個人對它的信心。而且，別忘了，當你在考慮要不要延後某件工作的時候，時間已經從你身邊悄悄地溜走了。

世界著名 CEO 傑克·威爾許（Jack Welch）說：「軍隊的管理改變了商業的習慣」。

提到軍隊，許多人都會想起嚴厲、守時、紀律嚴明這一類詞語，也正是因為有規矩，並且準確執行，才會產生一支戰鬥力極強的軍隊，才能擔當起保衛人民和國家的重大責任。

所以應當將軍隊裡的這種良好習慣、戰鬥精神融入到自身的工

作中去，驅散怠惰的工作態度，就像軍人在進行訓練一樣，替自己的每一項工作任務制定一個最後期限，嚴格執行（圖 3-46）。只有管理好自己的時間，才有可能獲得高效率，如此，你的工作技能也必然會緊跟你的腳步獲得大幅提升。

圖 3-46　成為一名工作中的「超級戰士」

許多人的時間在一天中不知不覺就流逝了，而時間的浪費是很難被察覺到的，有時候一天下來，你所完成的工作往往還不及預期中的一半，但是一經回想，又覺得自己好像一直在忙，這時，不妨再讓自己仔細回想：你在忙些什麼？人的一生，兩個最大的財富就是才華和時間，才華越來越多，但是時間越來越少。對於每一天的任務，就算做不到提前完成，也不要讓它們扯了自己的後腿。讓自己在工作中保持一種「衝鋒陷陣」的狀態，才有可能消滅更多的「敵人」。

3.3.6　不要讓電話拖慢你的進度

　　許多公司都有一條明文規定：在工作中接個人電話的時間不能超過五分鐘。這其實就是在控制工作以外的干擾時間。有些人「煲電話粥」可以煲上一個小時、兩個小時，甚至更久的時間，按照這樣的情況，在工作中接兩個電話，一上午的時間就飛快地溜走了（圖 3-47）。因此，不想讓你的工作時間被大肆占用的話，就得學會及時說「再見」了。

圖 3-47　你的工作時間被電話占用了嗎？

　　工作中的私人電話怎麼處理？ 首先，為了保證不讓電話鈴聲干擾到其他同事的工作，在工作中把手機模式調為震動或靜音是很基本的，否則在一片安靜之中，你的手機突然一陣鈴聲大作，極有可能讓自己嚇一跳，也會影響到其他同事的工作。其次，面對工作中的電話干擾，完全置之不理也不可取。萬一打電話給你的人真的遇到了什麼急事，還被你「無情」地掛掉也不妥當。因此，在通話中說明要點、簡潔地通話，就顯現出它的作用了，應當盡量省去那

些不必要的寒暄（圖 3-48）。

圖 3-48　講電話時盡量簡明扼要

適時拒絕一些娛樂、聊天性質的談話——因為一旦打開話匣子，就很難再停下來，就算勉強自己停下來了，再回到工作中也需要一段緩衝的時間。有時候，朋友打電話過來，如果只是為了單純地訴苦、分享一些不太重要的事情，你可以暫時拒絕當一個「情緒垃圾桶」，告訴對方你正在工作或是下班後再回電。在工作時間裡接私人電話，需要保持在一種理性狀態，而不是跟著自己的感覺走，要克制自己泛濫的情緒，讓自己留在清醒之中。

除此之外，最好不要一心兩用，例如一邊講電話一邊忙手頭的工作，這會更加拖慢你的工作進度。如果打擾你工作的私人電話很多，不妨和你的親朋好友說明自己的工作時間，讓他們非重要、緊急事件不要在你上班時打擾你（圖 3-49）。

圖 3-49　拒絕電話干擾，建立個人時間

　　接一次工作以外的電話就是一次工作干擾。除了努力減少干擾的時間，快速地再次投入到工作中也有方法：能夠在電話裡說清楚、解決掉的事情，就一次性地在電話裡說完，如果不能全部解決，可以用一張便利貼寫下相關事項，等到閒暇時間再去處理。

　　總之，不要把這些未完成的事堆積在腦海裡，以免讓它們分散你在接下來的工作裡的注意力。

3.3.7　碎片化時間也要「巧」管理

　　上班搭捷運、等人、等車的時間，你在做些什麼呢？每天都有一些零散、瑣碎時間被浪費掉，而加起來就是大把大把的「時間銀子」。

　　魯迅曾說：「哪有什麼天才，我只是把別人喝咖啡的時間用在

工作上了。」你還覺得自己的時間不夠用嗎？收穫需要付出相應的努力。

其實，也不一定要把喝咖啡的時間消去，只要學會利用碎片化的時間，就可以在同等的時間裡比別人吸收到更多的知識（圖3-50）。要想簡單有效率地充實自己的工作和生活，就一起來學著管理碎片化時間吧！

圖 3-50　利用你的碎片化時間

工作有工作的事，生活有生活的事，平常的時間不能被隨意占用。那麼碎片化時間就是你回覆他人訊息的絕佳時機，需要注意的是：當下 FB、IG 等這樣的新媒體工具，總讓人忍不住去洗版，你本來只是想用碎片時間去滑動態、與網友閒聊幾句，結果看著看著就停不下來了，往往令大多數的時間被碎片化了，於是一天過去，你又開始問自己一句：「時間都去哪了？」

　　許多人都知道，成功應該堅持、成功應該管理自己、成功應該敢於挑戰……道理都懂，可是依舊無法過好這一生。因為這些成功應該具有的人格特質都是「違背天性」的，所以即使你知道應該馬上投入到工作、學習中發憤圖強，還是捨不得放掉手中的手機和零食，即便你用最高科技的工具，按合理的、符合生物鐘的方法規劃好時間並恪守，內心也在「呼喚」你歪倒在沙發上滑手機、追劇、與朋友瞎聊。不及時剷除這種「手機依賴症」（圖 3-51）不僅會浪費掉碎片化的時間，還會影響你的其他時間，而最直接有效的解決辦法也是最簡單原始的——不停地暗示自己不要被其控制。一旦發覺自己有類似的想法，就趕緊抹滅掉，當你度過了這段適應期後，要控制自己的注意力也會很容易了。

圖 3-51　生活在手機裡

　　碎片化的時間有不定時、轉瞬即逝的特性，不適於處理需要花費許多時間的事情，但適合記錄、整理那些較為鬆散的簡單小事。

例如，你要寫一篇文章，這需要你聚精會神去思考、整理，而碎片化的時間就不適合做這件事，但你可以利用這些零散的小塊時間記錄靈感素材、構思文章大綱，用幾個碎片化時間累積幾個相關的素材後，就可以找一個完整的時間將它們編輯成一篇文章，由於你已經清楚需要寫什麼，寫起來自然會得心應手，這要比你花費許多時間去構思然後編寫來得有效率。因此，你需要培養自己及時記錄的習慣。隨身攜帶的手機就是一個不錯的幫手，可以利用手機裡的記事本來記錄，如果覺得手機螢幕太小，可以帶一台平板，如果不喜歡電子螢幕，可以考慮帶一個筆記本或一本實體書。總之，要根據喜歡的方式，隨身攜帶有價值的知識或記錄工具，在零碎時間裡隨時把讀到的、想到的、看到的、誘發靈感的材料都盡快地收納進來（圖 3-52）。

圖 3-52　在碎片化時間裡記錄靈感

　　節省時間也要防止「走火入魔」。有些人連上廁所的時間都不放過（最好不要這樣——不僅不衛生，還會使大腸靜脈長時間受擠壓，容易引發痔瘡），這就像你想握住手裡的沙子，但抓得越緊，沙子卻溜得越快。凡事都要講究分寸，可以節省碎片化時間，但不要凡事都想要「摳」時間。

　　現在，想一想兩分鐘可以做些什麼事？五分鐘可以做些什麼事？然後利用碎片化時間完成它。

　　橋本和彥曾經說過：「沒有展現結果的時間管理就不能稱為時間管理。」定期反思時間管理的成就和不足之處，也有十分重要的意義。要學會利用碎片化時間，讓時間在你的手裡被分割、裂變。掌控自己的時間就是在做自己的主人（圖 3-53）！

圖 3-53 掌控碎片化時間——收集時間財富

3.4　職場「殺手鐧」——超級整理術

「斷捨離」這個流行用語就是對整理術的最好詮釋。斷，就是斷絕，不收取不需要的；捨，就是捨棄，處理掉身邊多餘的物品；離，就是脫離對物質的迷戀。以自己而不是物品為主角，去思考什麼東西最適合現在的自己。只要是不符合這兩個標準的東西，就立即淘汰掉。

「斷捨離」要求人們思考自我的真實需求，而不是成為市場上那些讓人眼花撩亂的物品的附庸。這種整理方式，也的確為人們的生活減少了許多不必要的負擔。

在工作中完全可以運用這一方法。好的環境會帶給我們好的心情和工作體驗，看起來雜亂無章、充斥著垃圾與惡臭的糟糕環境總是讓人避之不及，在這樣的環境下工作，也會影響工作的效率和品質。

效率是整理出來的，跟上甚至超越工作的步伐，來一場說走就走的「整理」吧（圖 3-54）！

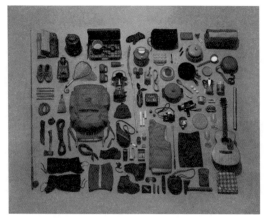

圖 3-54 整理出井井有條的生活

3.4.1 別把時間都浪費在找東西上

緊張的工作、鋪天蓋地的訊息、可怕的惰性……當這隻糟糕的蒼蠅圍著你轉時，你很容易陷入混亂，喪失熱情和創造力。在這個瞬息萬變的時代，太多東西等待你去有序地擺放它們，不僅資料需要整理，環境、訊息、生活、思維、人脈也需要整理，如果不做整理，生活將會變得一團糟，而整理東西的過程，就是為大腦清掃掉那些無用訊息及記憶的過程。從整理周圍繁雜瑣碎的物品開始（圖3-55），別把時間都浪費在找東西上，為自己的工作與生活打開一條快速通道。

圖 3-55　告別多餘的瑣碎物品

　　整理物品時先將它們分類，例如你的工作資料，不同類型的工作資料放在不同類型的資料夾裡，與紙張有關的文件資料不要放在容易受潮的地方，也盡量不要與你的水杯放在一起，以免碰倒水杯時讓文件也跟著遭殃；對於一些重複（內容性質相近的歸為一類）或者沒有價值的物品，最好丟棄；對於經常要用的小件物品，最好的辦法就是隨身攜帶。

　　把需要的物品按照使用頻率做好規劃，對於不常用的物件（過去半年內只使用過一次或幾次的物品），將它們集中存放在一個地方，不要放在最外側或是最顯眼的位置（那可是你的常用物品的地盤），如果你的辦公桌只有一個抽屜可以存放東西，就把這些不常用的物品放置在最裡面。

　　如果工作物品很多而且雜亂，就使用文件架（圖 3-56）、收納櫃，如果公司沒有，可以自己去買一個，這是花小錢買大效率，能

夠帶給你的回報遠遠超過你的支出。

圖 3-56　文件架

　　經濟學家告訴我們：要保持焦點，一次只做一件事情，一個時期只有一個重點。在處理工作時，眼前不要放任何不相干的東西——沒有成堆的紙張和各種廢棄的物品，除了你正在處理的事和與當前任務相關的參考資料之外，不放任何東西來干擾自己。要知道，多一樣東西就多一種分散你注意力的可能。工作時總是要找東西無疑會更加惡劣地瓜分你的注意力，因此，除了要做整理，還要改掉隨手亂放東西的壞習慣，因為時間稍微久一點或者東西堆得一多，你就想不起來放在哪裡了。

　　你覺得整理好工作中的物品就夠了？當然沒有這麼簡單。電腦裡的資料也同樣需要整理。繁忙的通訊讓各式各樣的訊息彙集在一起，來不及仔細整理這些訊息，它們很快就會糾纏成一團亂麻，這時，分類清楚的資料夾會幫你避免這些麻煩：將你的資料夾劃分

ㄟ！菜鳥仔
凱瑞你斜槓，開外掛，放大絕
｜職｜場｜求｜生｜攻｜略｜

為五大類，按照重要緊急資料、重要不緊急資料、不重要緊急資料、不重要不緊急資料、臨時資料這五類，建立不同的資料夾，存放檔案的時候按照檔案類型放置。需要與其他內容區別開的時候，就在其中新建一個資料夾，並做好標記，再將檔案放入其資料夾中。一個大資料夾裡面含有子資料夾，每個子資料夾又可以繼續細分（圖 3-57），條理清楚，也更加方便你記憶每份檔案的位置。

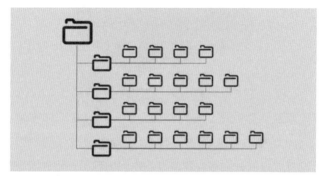

圖 3-57　整理電腦資料夾

合理有序地存放物品，就不會在找東西上浪費時間。不斷花時間去尋找東西是一種無謂的浪費，既讓別人留下了一個不好的印象，也會給自己帶來莫大的心理壓力。現在就開始整理，別等到火燒眉毛了再來著急。真正到了緊要關頭時再做這些事，往往已錯過了最好時機。現在很多人談效率，都只熱衷於方法，忽略了平常生活中這些看起來細枝末節的事，但是，現實總是理智而冷酷的，整潔與凌亂像兩隻大手，分別把手中不同的人推向不同的命運（圖3-58）。

178

圖 3-58　條理井然和混亂不堪是兩種狀態

3.4.2　學會整理電腦裡的訊息資料

現在很多人使用電腦都很懶，為了方便，把所有東西都放在桌面上，哪怕這個東西只用過一次，使用後就讓這些「垃圾訊息」默默地占據了桌面的一席之地，沒有養成刪除檔案的習慣。久而久之，桌面上就變得很滿，操作起來很不方便，想刪除又怕刪錯了，不刪除的話，堆積了太多東西，想要的檔案又難以搜尋（圖3-59）。為了避免遇上這種浪費時間的事，整理電腦裡的訊息資料刻不容緩。

圖 3-59　電腦裡的垃圾訊息堆積如山

　　前面已經提過分類電腦資料夾，有人或許還會疑惑臨時資料夾是做什麼的。臨時資料夾，就是把所有不能立即處理的信件、資料放在裡面。

　　由於這些臨時資料的時效性，很多時候用過一次就不需要了，沒有一個臨時資料夾的話，就會讓它們散落在你電腦的各個角落中，到了需要整理的時候，它們便會化身成一個個小惡魔來向你索要時間。

　　不要以為建立了一個臨時資料夾就可以一勞永逸了，臨時資料夾不是一個永遠填不滿的訊息垃圾桶，你還是需要定時清理。應該依照自己的需求，可以每天清理一次，也可以每週清理一次，讓你的臨時資料夾充滿活力。

　　在整理電腦資料時，注意不要有失效檔案，先將電腦裡可能「窩藏」失效檔案的地方掃蕩一遍，然後再分類你的資料；注意機

密檔案不要隨便擺在桌面上；對超過保管年限的表單，要及時將其集中銷毀。對於整理的訊息物品，可以用 Excel、PPT、Word 等辦公軟體記錄儲存，並將這些檔案按照類別存放在相應的資料夾裡。

除了一些必要的手動操作，還可以利用現代化科技之下的便捷工具來幫助自己整理檔案。當你不想自己動手整理桌面的時候，可以在桌面項目中把六十天自動清理選項打勾，那麼它就會自動幫你整理檔案。當然，你也可以選擇一些安全的清理軟體。除了文件檔，不必要的軟體也可以刪除。總之，讓電腦桌面越乾淨越好。

如果不做整理，會為我們的工作帶來一些不必要的風險。例如，當老闆站在你旁邊，讓你調出電腦中的某份檔案時，你卻在 Boss 面前上演了十分鐘的「大家來找碴」——面對電腦裡成堆的訊息資料，以及許多一模一樣沒有好好分類的資料夾，你一個一個點擊進去東找西翻，這種可以預知的尷尬情況、汗液蒸發的感覺，你真的願意體驗一次嗎？

3.4.3　辦公桌整理，不容忽視

你的辦公桌是什麼樣子的呢？雜七雜八的東西堆成了小山，還是所有物品都歸納整理得井井有條？如果是前者，那麼時常翻找東西就是家常便飯了，整天身處在一堆「雜物」之中，工作狀態、效率都不會好到哪裡去。同樣都是吃飯，穿著整潔、坐在乾淨明亮的餐廳吃飯的人，和灰頭土臉地坐在滿是油煙、四周還有蒼蠅

飛來飛去的飯店裡吃飯的人，心情和狀態定是截然不同的。因此，為自己打造一個整潔舒適的辦公環境很有必要（圖3-60）。

圖3-60　你的辦公桌夠整潔嗎？

　　一般常見的辦公用品有筆、訂書機、立可白、便利貼、橡皮擦、計算機等，這些實用的小物品可以集中放在辦公桌的一定區域內，至於辦公桌上的電腦等辦公物品，只要按時整理、把灰塵擦乾淨即可。較為麻煩的就是電腦線、網路線、電話線這類「剪不斷理還亂」的東西，可以用繩子將那些冗長的線捆在一起，這樣就不會讓它們把你的辦公桌結成一張蜘蛛網了。

　　整理辦公桌就和整理自家的衣櫃一樣，需要先歸類。衣櫃中，衣服和衣服放在一起、褲子和褲子放在一起。到了辦公桌，就把不同類型的文件用資料夾（圖3-61）歸類整理，還可以在每個資料夾

上面貼上便利貼，寫好它的內容和作用。事情雖小，但也需要一件件去做好，能把小事做到一絲不苟的人，即使沒有大富大貴和大作為，也必然有其過人的辦事能力，是可以被委以重任的。

圖 3-61　資料夾

　　定時整理辦公桌。保持乾淨整潔的桌面能讓你的思維更加明朗，依照個人情況，為自己的辦公桌設下一個定時整理的日期，刪蕪就簡。你的老闆和客戶可以從辦公桌窺探到你個人的性格和工作能力等。當辦公桌乾淨整潔，周邊的環境也明淨舒爽時，你的個人形象和工作效率都會大幅度提升。

　　在工作和生活中，每天都要面對很多同樣簡單的問題，無論是整理自己的辦公桌並使其保持整潔，還是使電腦內的資料夾分類清晰，都可以在短期或長期內提高你的工作效率。在你的辦公桌上，不要出現零食包裝袋、已經飲用完畢的寶特瓶；不要有堆積成山的文件以及糾纏不清的電線……這些事情看似微不足道，甚至沒有太

多專業技術，但是否人人都能真正去考慮和處理好這些簡單的細節（圖 3-62），來提升自己的工作效率和工作品質呢？

圖 3-62　處理好細節問題

3.5　高效率工作的四個方法

　　一個做事高效率的員工，不僅是老闆眼中的「金元寶」，還是同事眼中的「模範生」。對於自身而言，更是一種肯定和成就的基礎。那麼，怎樣才算「高效率工作」呢？被稱作現代管理學之父的彼得‧杜拉克說過一句管理名言——對企業而言，不可缺少的是效能，而非效率。由此可見，高效率工作重在能有效率地產生有用的價值，而非只有速度（圖 3-63）。雖然每個人從事的行業、工作不盡相同，但要做到高效率工作，還是存在許多共同「竅門」的，例如管理情緒、管理訊息、管理時間、制定目標等，本節將從這四

個方面來分解「高效率工作」，你準備好迎接工作中那個全新、高效率的自己了嗎？

圖 3-63　高效率人士產生高價值

3.5.1　控制你的情緒

情緒就像陰晴不定的天氣，時而暖，時而冷。也正是這些變化多端的情緒，豐富了人們的生活。可是到了職場，情緒也這樣「風起雲湧」就糟糕了。不管情緒是快樂還是悲傷，起伏過大的情緒都需要消滅。工作中應盡量讓自己保持在一種聚精會神的狀態，即全身心投入某事，這樣工作效率才會更高，能夠聚精會神時，也會帶來高度的興奮及充實感。要想保持這種狀態，不先處理好你的情緒是不可能實現的。那麼，要怎樣控制工作中「情緒」這個多變的小惡魔呢（圖 3-64）？

圖 3-64　工作時，你能控制好自己的情緒嗎？

　　情緒是個「叛逆」的小孩，有時候越是試圖壓制它，它越是反抗得厲害。學會釋放情緒比強硬地壓制情緒更為有效，過程也沒有太激烈地對抗。釋放情緒的方法有很多，先來看看美國歷史上著名的總統林肯是怎麼釋放他的負面情緒的吧！一次，陸軍部長斯坦頓來到林肯那裡，氣呼呼地對他說，一位少將用侮辱的話指責他偏袒一些人。林肯建議斯坦頓寫一封內容刻薄的信回敬那傢伙。斯坦頓立刻寫了一封措辭強烈的信，但是當斯坦頓把信疊好裝進信封時，林肯卻制止了他。

　　斯坦頓十分不解，接著林肯解釋說：「這封信不能寄，快把它扔到爐子裡去。凡是生氣時寫的信，我都是這麼處理的。這封信寫得好，寫的時候你已經消了氣，現在感覺好多了吧？那麼請你把它燒掉，再寫第二封信吧！」（圖 3-65）。除了林肯的這種寫信發洩法，還可以去一個無人的安靜地方大喊自己的負面情緒，或者去健身房打一小時沙袋，透過運動流汗的方式排散自己的負面情緒。

186

當然，上班時要這樣做不太可能，所以還是林肯使用的辦法更加適合正在工作的你。如果你感覺不爽了，就把自己心裡的話都寫出來吧！不用擔心語言有多惡劣，反正你都要將其銷毀掉。

圖 3-65　別輕信情緒衝動時的想法

負面情緒由矛盾或煩惱而生，所以要懂得「減弱煩惱」。對於非理性的刺激，我們必須學會死守腦海的閘門，盡可能不聽、不看、不感覺、不讓它輸入你的腦海，做幾分鐘的木頭人也無妨，任由負面情緒喧鬧一陣，不作理會，它自然就會平靜下來；如果不小心輸入了，就盡可能不聯想、不思考、不記憶，把它「扼殺在搖籃裡」。

例如，當一個人因為誤會冤枉你、惹你生氣時，不要一直去想「這個人怎麼這麼壞、他就是故意針對我」等等，越是陷入自己的負面情緒中，越是無法從中掙脫。「不拿別人的錯誤來懲罰自己」，說的就是這個。

給自己一個正向情緒的提示，即使你並不想笑，也盡力調整出一個微笑的表情，保持三分鐘後，你會發現負面情緒正在逐漸減少；除了微笑，還可以給自己一些語言上的心理暗示，例如告訴自己「冷靜下來，一切都會過去……」雖然這聽起來頗有一種「得道成仙」的感覺，但是真正到了需要控制情緒的時候，語言暗示的作用是不可小覷的。同樣，觀察一些色彩濃度較高、顏色明亮的事物，也能在無形中消化負面情緒（圖 3-66）。

圖 3-66　顏色也能影響心情

從更深、更廣、更高、更長遠的角度來看待問題，對負面情緒做出新的理解和判斷，跳出原有的框架，使自己的精神獲得解脫。

「塞翁失馬，焉知非福」就是經典的解脫思維。表面上好的事情，未必是真的好；看起來糟糕的事情，也不一定真有那麼壞。事情具有時間上的連接性，一件現在看起來糟糕的事情，經過時間推移，說不定還會轉為一件好事。換個角度看問題，能讓自己轉換新

的情緒。

　　情緒不是一成不變的，負面情緒也未必真的很差勁，學會「化悲憤為動力」就是在工作中將負面情緒「昇華」為正能量。當負面情緒洶洶來襲時，別忙著被它驅使，可以戴上耳機，聽一會兒音樂，或是看一看窗外的風景（沒有窗戶的話可以盯一會兒天花板），消退負面情緒的同時，也能為接下來的工作儲蓄能量（圖3-67）。

圖 3-67　適當放鬆自己，緩解工作壓力

　　一個能控制住不良情緒的人，比攻城掠地的戰神更強大，因為你的情緒是構成你個人世界的基礎。像情緒這樣潛在的問題，往往不如工作中表面上的問題容易發掘。學會調整工作狀態，用正向的意識激發熱情，多給自己一些微笑吧！哪怕你現在並不快樂。

3.5.2　別在早上查郵件

　　早上精神抖擻地走進公司，走到自己的辦公桌前打開電腦，發現有二十二封未讀郵件，當你點開它們查看內容時……NO！一場訊息大爆炸正在咧嘴壞笑著，等你掉進它的圈套。

　　郵件像是工作中的「毒品」，會讓人上癮，當你查完了一封，接著又會開始第二封、然後第三封……精力最為充沛的寶貴時光就這樣被你在一封又一封的郵件中消耗掉了，大腦處理完這件事，又要忙著處理那件事，已經被折騰得精疲力竭時，重要任務還躺在電腦裡眼巴巴地等著你（圖 3-68）。頻繁查閱郵件相當於拉低智商，你真的想這樣開始自己的一天嗎？

圖 3-68　別在早上查郵件

　　當下幾乎所有人都被迅捷如電的通訊速度壓得喘不過氣來。一位金融業的客戶關係經理 H 說：「最讓人受不了的是，每當我準備

處理手頭上一大堆事情的時候，就會有客戶的諮詢電話打過來，同時，電子郵件也來了，真是分身乏術啊！最後到了快下班的時候，桌子上的東西還沒處理完，仍在不斷堆積。就這樣，很棒的計畫、良好的意願全都一下子灰飛煙滅。」

由此可見，只要信箱的「叮」聲不關，你就永遠做不了該幹的事情，會一直惦記著回覆郵件的事。

想像一下這樣的場景：你一會兒回郵件、一會兒寫報告、一會兒又查資料，資料查到一半，「叮」的一聲，郵件又進來了，郵件還沒回覆完，客戶又來催⋯⋯像顆不停旋轉的陀螺一樣轉來轉去，忙了一上午，重要的事情卻一件都沒做，這就造成了時間與精力的不合理分配（圖 3-69），影響工作效率不說，還很大地消耗了個人精力，精力消耗又會更加影響工作效率，從而掉進了一天的惡性循環。

圖 3-69　要合理規劃你的時間與精力

　　已經知道早上剛開始工作就查看郵件是一件多麼糟糕的事情，如果對自制力沒有什麼信心，那就關閉信箱的「消息提醒」功能吧！拒絕這些郵件消息的打擾，跟郵件絕緣，以保持工作中的注意力集中。可以查看郵件的時間很多，例如中午飯後休息時，或者在自己一天工作中效率最低的那一段時間裡集中查看郵件。

　　每天安排一個特定的時間查看和回覆郵件，你可以在你的簽名欄寫下相關說明，例如「本人在中午十二點半到下午一點半定時查看郵件信箱」，寫說明的文字風格可以多種多樣，但目的只有一個：讓其他人知道你回覆郵件的時間和規律（圖 3-70）。

　　對郵件說「NO」，這在剛開始的時候會很難受，這是你多年形成的習慣和求全責備的心態所發出的抗議，可是時間久了你會發現：不重要的事情真的做不完也不會怎麼樣，倒是重要的事情老拖著不做，後果往往會更加嚴重。

　　所以應當克制住自己的衝動。天之所以降大任於你，是為了做重要的事情、迎接挑戰，可不是要你用大早上的寶貴時間查郵件來拖垮自己的工作效率！

圖 3-70　拒絕你的思維被各路郵件打亂

3.5.3　要有「個人系統」

為什麼那些 CEO 每天都能產出高效率的工作內容？ 為什麼除了高產量，他們還有時間做管理和投資？ 能夠完成這麼多事就算了，重點是他們每天看起來還氣色紅潤、精神抖擻，完全沒有「累垮了」的樣子。

你懷疑是因為他們的大腦構造和普通人的不一樣？ 其實，高效率工作，並不意味著要累到雙眼發乾、眼眶發紅（這反而是不健康的工作方式）。

與每個人都有自己的生活方式一樣，保證高效率工作也有一套「個人系統」（圖 3-71）。

圖 3-71　工作可以不需要「壓力山大」

　　先問自己兩個問題：哪一小部分的活動會讓你事倍功半？哪一小部分的活動會完全阻礙你的工作效率？制定屬於自己的個人系統就是自己為自己量身打造一份可行的、有效的個人計畫，給自己來一場大收集和一場大掃除，以及做好對未來的規劃。就像社會需要法律來維護秩序一樣，不想讓你的人生變得混亂不堪，就為它建立一個「法律」吧！

　　前香港戴爾行銷長尹志豪曾寫過一本相關的暢銷書，書中就提到過一套高效率的工作系統——CPS 高效工作系統（Champion Productivity System）：回顧你的人生、事業藍圖願景，以及未來一到十年各階段的目標里程碑，先確認好你的大目標和方向（圖3-72），然後，制定出下一週照顧自己身體、心靈的計畫；檢視你所有的專案計畫，包括公事和私事，調整每一個項目清單上的行動任務；檢查一遍你所有紀錄的未完成事項、各種場合要執行的行動任務，以及在下週日程上已經安排的，做一次全面的整理與安排，

同時將每一項行動任務與你的人生事業目標比對，確保方向正確。
值得注意的是，不要把計畫的時間排得太滿，要保留一點彈性時間
以應對一些突發狀況。

圖 3-72　開始計畫前先確認目標

　　對於這樣的個人系統，應該怎麼做呢？①每週一次清空你腦
袋裡所有的想法，把它們全部寫下來；②堅持每週排定一個不會被
打擾的時間段，做你每週的回顧檢視以及擬定下週的計畫；③把你
的「週計畫時間」通知其他人，取得諒解，請他們勿來打擾；④將
「規劃——週計畫」變成自己每週的神聖儀式，讓你重新整裝待發；
⑤總結所有已完成的事項，挑出需要做一週工作匯報的，歸檔需要
保留的，刪除所有不需保留的。只有保持這樣的習慣，才能保證你
辛苦建立的個人系統不會被你自己破壞。

　　這套工作系統的目的，是為了讓你更好地了解選擇什麼時間、
什麼地點去做什麼事情是最恰當的，幫助你高效率地完成手頭所有

的工作，讓你自如地平衡自己的工作和生活，並且在高效率中結束一天。擁有一套自己的個人系統不需要花多少財富，它所需要的是個人的恆久堅持（圖 3-73）。

圖 3-73　為自己建立一套合理有序的個人系統

　　想要享受高效率的工作嗎？那就先來建立屬於自己的個人系統吧！

3.5.4　在前一晚就確立次日的目標

　　每天的工作都像一座迷宮，要走出迷宮，就得先找到通往出口的路，為了盡可能地避免你的茫然，應該在前一天就明確好第二天要做的事，這能幫助你在迷宮裡找到通往出口的路，第二天你就可以按照擬定好的路線全力奔跑了。在今天的晚餐之前就計劃好第二

天的目標，這是一個提升工作效率的法寶。打開你的工作地圖，為第二天要走的迷宮畫上路線圖吧（圖 3-74）！

圖 3-74　為迷宮畫上出口路線

要確定次日的目標，你可以這樣做：建一個下班的規矩，知道在什麼時候停止工作，每天以同樣的方式結束工作，整理桌子、關上電腦，然後列出一張明天需要做的事情的清單。抱持一種認真負責的態度去完成它，像舉行某種小型儀式一樣，這是你和自己的祕密，也是約定。儀式感會強化心裡的責任心防線，當你偶爾想偷懶時，你的身體就會敲響警鐘。

當速度和品質不能兼得時，優先選擇品質。這就像你要建一座高樓，如果你為了趕時間、為了獲得上司的認可而粗製濫造了一個「豆腐渣工程」，那麼當大樓轟然倒塌的時候，你先前所獲得的榮譽、金錢、讚賞也將一併隨之而去。取捨總會讓你的內心經歷一番

痛苦掙扎，但聰明的人會知道自己應該留下什麼。確立目標時，應記住欲速則不達，穩中求勝才是最理想的規劃。

寫下目標，最大的作用就是幫你弄清楚重要的事情，而不是其他的事情。有研究顯示，CEO 盲目工作更長的時間並不會得到更多的收穫，只有當他們根據預先訂定的計畫行動時，才會獲得更多，這放在任何人身上都適用。如果你有了目標，並把它們寫下來，就能更好地堅持。知道自己要做什麼，就能預先看到結果、舒緩緊張感，從而產生持續的信心與動力。

寫下來還有一個好處，就是幫助你釋放焦慮的心情，並享受下班的時光（圖 3-75）。

圖 3-75　放下焦慮，享受下班後的悠閒時光

英國有一句諺語說得很好：「對一艘盲目航行的船來說，任何方向的風都是逆風」。即使有了目標，也得保證它是清晰正確的，

最重要的是，你能確保自己能夠達到目標。偉大的口號和目標人人都會說，但如果替自己設置了太高的門檻卻不能完成，那麼你的自信心就會遭到它的反噬。

工作需要計畫，而計畫也是工作的一部分（圖 3-76）。

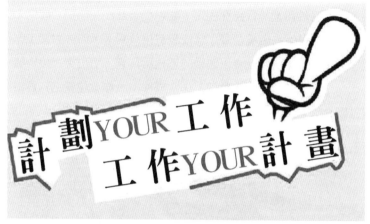

圖 3-76　工作和計畫相輔相成

在工作中確立自己的目標以提高工作效率，這早已經不是祕密。每個人都不希望自己是那個工作效率最低的人，但是，沒有對比就沒有傷害，既然還有許多人做得比你更好更快，你也就沒有那麼多理由繼續懶惰下去了。對此，最好的辦法就是磨練自己的工作技能、加快自己的工作效率。很多時候，很多事看起來都很多餘，就像在前一晚訂定次日的目標一樣，在許多人看來，沒有多少人會願意一直堅持，甚至有許多人不想為工作帶來這麼多規矩，但恰恰就是認真、並且堅持下去的人，最先拉開了與平庸者的距離。

3.6 職場加油站

　　提升自己的工作技能大概是每個職場新人都想要做好的事情，除了掌握一些提高工作效率的方法外，你自身也很重要。俗話說「性格決定命運」，走上磨練一技之長這條路也許會很枯燥、很艱難，就像在沙漠裡尋找綠洲的人，要忍受著風沙、飢渴、疲憊。許多人走著走著就向困難投降了，或是直接放棄了，而你對於工作抱以一種怎樣的態度，就會以怎樣的方式對待它，這也會直接影響你在工作中的成就。如果學會把工作當成朋友，你會發覺它其實很可愛（圖 3-77）。

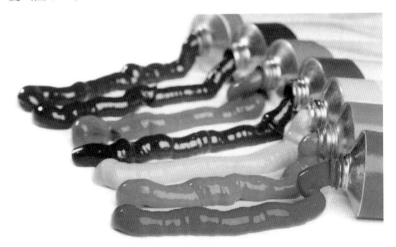

圖 3-77　工作，可以讓生活變得多采多姿

3.6.1　方法之和大於問題之和

一個方法可能會引來許多問題，可是，一個問題往往會有更多的解決方法（圖 3-78）。

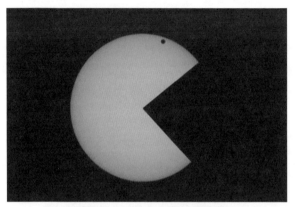

圖 3-78　方法可以吃掉問題

亡羊補牢的故事人們都耳熟能詳，當羊走失了，把羊圈修補起來，剩下的羊就不會走失；同樣，犯了錯誤立即改正，就能減少錯誤和損失。在工作和生活中，人們推崇的都是那些有辦法解決問題的人。那麼，當工作遇到問題時，該怎麼找出解決方案呢？

由於電燈泡的出現，替當時以生產蠟燭為主要產品的寶鹼公司帶來了不小的衝擊，於是寶鹼公司準備尋求突破，推出一款新產品——白肥皂。然而，在這個決定公司生死存亡的關鍵時刻，一個大意的工人午休前忘記關掉肥皂原料合成攪拌器，當他再來上班時，肥皂已經成了一個個「小鬆糕」——原本應該四四方方的肥

皂全都膨脹起來，在水面上漂浮著。現在寶鹼公司面臨的是這種情況：肥皂已經全部泡發了，只能統統處理掉，而這樣無疑會為本來就處在危急時期的公司帶來很大的損失。

面對如此嚴峻的問題，寶鹼公司就這樣完蛋了嗎？答案當然是不。寶潔公司為此特地召開了一次會議，討論如何處理這些「小鬆糕」肥皂，在會議上，有人講了一則故事：在俄亥俄河畔，有許多人喜歡帶一塊肥皂到河裡洗澡，但是肥皂沾水後變得滑溜溜的，一不小心便沉到了河裡，再想找到肥皂就非常困難了（圖3-79），結果有人乘興而去，敗興而歸，或者滿頭大汗地尋找滑到河底的肥皂，十分尷尬。

圖3-79　沾水後的肥皂極容易滑落

聽了這則故事，參加這次會議的人臉上全都有了笑容，他們知道這些「小鬆糕」肥皂處理妥當，不僅不會讓寶鹼公司蒙受損失，

還能使這種產品成為寶鹼公司起死回生、走出困境的一根支柱。

於是，這些「小鬆糕」肥皂不僅沒有面臨被丟棄的命運，反而搖身一變，成了一種新的品牌——象牙肥皂。象牙肥皂剛一上市，便成為各個雜貨店、超市的搶手貨。幾週後，全美國的零售商開始向寶鹼公司預訂這種能夠漂浮在水面上的肥皂，不久，那些曾經令寶鹼公司認為是災難的「小鬆糕」肥皂便被搶購一空了。

透過寶潔公司的案例可以看到，哪怕是再危急、再險峻的狀況，只要能夠找到對的方法，就能夠獲得一線生機，甚至還可以反敗為勝。

到最後，訂單雪花般朝寶鹼公司飄來，寶鹼公司也因此順利地走上了它的轉型之路。

解決問題的方法不光上面這一種，除了變換思路，還可以在陷入死角的問題中尋求創新和突破。最常見的創新辦法就是延伸問題。想要獲得創新思維，可以有意識地訓練自己，例如透過一個文字，你可以想像與其相關的那些文字，產生一些畫面的聯想。時常做這類練習，可以發展你的聯想能力，以及培養你的擴散性思考（divergent thinking）（圖 3-80）。

圖 3-80　思維聯想，多多益善

　　解決問題在於方法，要學會培養自己解決問題的能力，而不是被問題束縛。應廣泛考慮可能的對策，選擇最恰當的對策。如果一開始就被困難逼得走投無路，那麼最終等待你的也只是被問題包圍。

　　醫生替病人看病，要先診斷出病因，然後再考慮治療方法，接著才開始實施治療。若一開始就覺得某種病情太複雜、太困難，甚至還會為自身帶來生命危險而放棄探索，那麼天花這種可怕的傳染病就不會被消滅，伊波拉疫情也無法得到有效控制，人類或許也無法活躍至今。

　　在工作中遇到問題也是如此，只有不畏懼困難，才能透過理性

分析來找出解決問題的方法。

　　對於最簡單的問題，如果用錯了方法，也有可能變成大麻煩。方法能幫你將複雜變簡單，將混亂變為清晰。找到問題的關鍵，不僅能幫你解決一個問題，更能幫你解決一系列性質相近的問題，讓你觸類旁通地找到解決方法（圖 3-81），就像一張撒出去的漁網，能夠一網打盡那一片區域的魚。

圖 3-81　一個方法可以一網打盡同類問題

3.6.2　別讓「混日子」擋了你的成功路

　　渾渾噩噩又一天，時常感覺「整個人都不好了」，卻還是什麼都沒學到；一天中剛坐在自己的辦公桌前，就開始期待著下班了……NO！這不是自己想要的生活！你也許正在心裡咆哮著，你想要改變，卻總是缺少一種堅持的動力，而當一份工作變成了混日子時，你對工作的敬畏之心也蕩然無存了。不想混日子，不想讓

自己與成功的道路背道而馳，該怎麼辦呢？

　　沒有最好的工作，只有最適合的工作。首先，在你尋找工作的時候，不要事先考慮哪一行業的工作最安逸。從事一份能創造出卓越績效的工作，才能最大化發展自身價值。如果你已經找好工作，接著就要找出讓自己「混」的原因（圖 3-82）。

圖 3-82　工作中，你混日子了嗎？

　　對自己的期望過高？身體狀態太糟？在工作中找不到存在感？導致工作時出現消極心態的原因有很多，不妨先來看看以下這三大影響廣泛而深遠的工作殺手。

　　前面提到過，對自己要求太高會產生不良的後果，這裡就著重追溯形成這種心態的緣由，從根本上發現並解決問題。

　　有一則漫畫故事：一個缺少一塊的圓，想要找回一個完整的自己，於是到處尋找自己的碎片。由於它是不完整的，因此滾動得非

常慢，從而領略了沿途美麗的鮮花，和蚯蚓聊天，也充分地感受了陽光的溫暖。它遇見了許多不合適的碎片，但它依舊執著地尋找，直到有一天，它終於找到了自己的碎片。然而，作為一個完美無缺的圓，它滾動得太快了，錯過了花開時節、忽略了與蚯蚓的親近。當它意識到這一切時，就毅然捨棄了歷盡千辛萬苦才找到的碎片，又恢復了原來的樣子。

很多人都像這個剛開始的圓，對於缺失的那一部分感到非常難過，總是幻想著圓滿之後一切會變得更好，於是「圓滿」取代了工作本身，成了他們追求的目標，其實，這種心態背後隱藏著的是個人對自己的不自信，喜歡將自己的缺點無限放大，又害怕接受現在的自己，這樣的結果往往就和那個找到碎片之後的圓一樣，反而帶來了更多的缺陷。太期待完美，因而對現在的自己更加失望，如此循環下去，混日子的心態就很容易產生。想想看，你是屬於其中的一份子嗎？如果是，就先降低自己的期望值，把它調整到力所能及的位置上，你也就能坦然地面對自己的不完美了（圖3-83）。

圖 3-83　生活不是一個完美無缺的圓

保持自身的健康——這是一個常見卻又不容易被重視的原因。生理上的疾病很容易造成心理失調。例如，當你覺得肚子痛時，你會煩悶、難受，工作效率也會隨之下降。身體不舒服會拖累你的行動，很有可能會把身體引起的這些不良情緒轉移到工作上。

所以，該看醫生的時候就去看醫生，該活動的時候就活動，硬撐著工作的話，只會讓你的內心生出倦怠。要讓你的身體像大腦一樣保持活動，以維持積極的行動。

找不到自己的存在感，聽起來的確是一件糟糕的事，因為這種消極的情緒實在令人疲憊，所幸它並不是無解的。消極心態的另一面就是積極心態，要在工作中得到什麼，一切都源於你對工作的態度。如果對工作失去了熱情與動力，就要尋求一些能夠「刺激」自己的辦法。沒有存在感，通常是因為工作表現不夠出色，也可能是因為職場上的人際關係出現了危機。不論是哪種情況，都要多多與人溝通（圖 3-84）。當局者迷，旁觀者清，你會發現，別人往往能幫你找出許多你自己看不到的優點，「沒有存在感」也許只是你心裡為自己設置的一道屏障。

圖 3-84 多與人交談

在現實生活中，沒有什麼事隨隨便便就能成功的。即使是中樂透頭獎，通常也要經過努力才能成為那千萬分之一機率的幸運兒，而且中獎後，如果沒有妥善規劃這筆金錢，再多的錢財也會付諸東流。所以方法重要卻也次要，如果一心只想著投機取巧，則再多的方法也無法把夢想變成現實。混日子不只是在「混」一份工作，同時也是在「混」自己的人生。想獲得成功，應先端正自己的工作心態。

3.6.3 主動出擊，不做「差不多」的一員

「不打無準備之仗」，這句話好好思考一下，其實很有意思，看起來這個「要打仗」的人是處在被動的狀態，因為要打仗，所以要提前做好準備，其實換個角度就能發現，這句話是處在一個主動出擊的位置：為了打好這場仗，所以提前做好準備，以獲得更多勝利

的機會。工作也是這樣，需要透過自己主動出擊，來獲得更多成功的可能（圖 3-85）。

圖 3-85　在工作中主動出擊

　　遇見機會要努力抓住，因為錯過可能就沒有了。在工作中，你還在等著練就一雙挑剔的眼睛，去一眼挑出機會嗎？不如現在就開始尋找。每個職場菜鳥都希望盡快擺脫掉工作適應期，拿出高業績，為自己帶來更多薪資，並且得到自身和他人的認可。而按部就班地工作，只能保證你獲取平穩的薪資，並不會為你帶來更多發展。如果你覺得在銅牆鐵壁中找到一個突破口是一件很困難的事，那麼恭喜你，比起先前那個茫然失措、對提升自己工作技能沒有任何想法的你，你已經邁出了主動出擊的第一步，至少你已經有了主動尋找機會的想法（圖 3-86）。

　　有了主動的想法很不錯，但是，先不用忙著主動出擊，看一看自己是否已經做好了準備，你是否已經整頓好自己。對於要達成一

個目的，許多人總是急不可耐地尋找方法，似乎只要找到了對的方法，就可以毫不費力地打開職場的成功大門，卻往往忽略了自身的狀態，這就好比一個人參加大胃王比賽，要在限定時間內吃掉二十碗麵條才能獲勝，他已經知道了自己要怎樣做才不會超過限定的時間，但是他的胃卻只能容下十五碗麵條，因此，即便他找到了方法，最後也因為自身能力不足而導致失敗。在工作中，你需要主動出擊，做一個掌控者，但不要盲目出擊，在能力還不足以匹配好的方法時，你需要先整頓好自己，從形象、言行、心態等方面著手，讓你的身體能跟得上你的大腦。

圖 3-86　有了想法，就是突破的開始

　　主動出擊，要的是你的態度＋行動，你不可避免地需要付出，這可能會犧牲掉許多娛樂的時間，也可能會帶來一些安逸狀態下不會產生的麻煩，所以成為一個能夠掌控工作的人沒有那麼簡單，但

是，主動出擊所帶來的好處，往往更加誘惑人，你不知道當你化被動為主動後會收獲什麼樣的喜悅和成就感，也不知道自己到底還有多少沒有被激發出來的內在潛力。

　　你想試著走得更遠、嘗試更多的不可能，而不僅僅做一隻井底之蛙嗎？ 行動是最好的機會。要在工作中主動出擊，有兩大必要的行動，補充專業知識和建立「工作網」（圖 3-87）。專業技能需要時間的沉澱，但及時為自己補充專業知識會讓個人在這條路上走得更快。選擇你在工作中的薄弱環節來補充修復，例如你是服飾店店員，你的口才很好，也很懂得交談的藝術，但是你對自己所銷售的服裝並不熟悉，這時，你就該學習與服裝相關的知識，及時修補這個缺點。

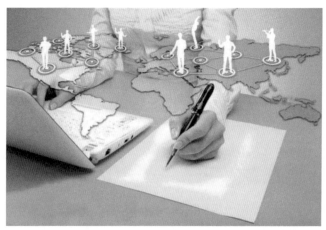

圖 3-87　工作網──工作＋人脈

建立自己的工作網，包括你的個人系統和社交圈，這是在擴大

212

自己與機會見面的範圍。這裡的個人系統是你的工作模式，你是每天做完本職工作就算了，還是會不滿足於現狀呢？後者會在工作中尋找問題、解決問題，以一種積極的方式進行工作循環；在工作中建立一個高品質的社交圈絕對會成為你的一筆寶貴財富，拿出真心對待你的職場友人，潛移默化地，你也會獲得與他們一樣的高效率。

　　薪水、能力、發展空間都是相互連結的，在努力的同時，你的能力也得到了提升，有機會接觸到辦事能力更強、更高層的人士，獲得更多學習和發展的機會，緊接著，薪水也會隨之提升。套用網路上的一句話：「開心也是一天，不開心也是一天，何不讓自己開心一點呢？」既然無論如何都要投入工作中，何不進入一種良性的循環呢（圖 3-88）？

　　如果不好不壞、不上不下地重複著一天又一天的生活，抱著「差不多就行了」的心態，時間遲早會拖垮你對工作的熱忱，讓你的生活變得索然無味。以積極的心態去面對工作，這不是一句「說說而已」的口號，儘管許多人都知道要這麼做，但真正到了工作中，又是另一種狀態。應當知道自己工作的意義和責任，在工作中靈活運用，並且永遠保持著全力以赴的工作態度，在為企業創造價值和財富的同時，也不斷豐富和完善自己的前途。要知道，對於初入職場的你，現在正是為事業奮鬥的大好時光，一旦錯失，就後悔莫及了。

圖 3-88　形成良性循環的工作

　　在工作中要主動出擊，磨練自己的專業技能、發展自己的第二職業，掌握管理時間的方法，整理自己的辦公桌，調整自己的心情，迎接高效率的工作。不要讓自己過早地步入「老年期」。趁著年輕，努力發展自己的職業技能，熱情洋溢地擁抱夢想吧！

第四章　人際交往

　　早上走進公司，當人們互致「你好」的時候，一天的人際交往就開始了。人們的日常生活離不開交流，有人說：「缺少與人溝通的機會，是一個人所能承受的最大酷刑。」職場新人除了要面臨一個陌生的環境，還要面對一個嶄新的人際交往圈，複雜多變的人際關係顯然要比單一穩固的環境更加「高深莫測」。人際交往的重要性人人皆知，可是，許多人都找不到竅門，甚至還有人對人際交往存在一種偏見，認為人際交往就是要送禮、討好奉承他人等等。其實不然，一段良好的人際關係是出於對他人的真心讚賞和尊重。一起來看看人際交往中有哪些「藝術」吧！

ㄟ！菜鳥仔
凱瑞你斜槓，開外掛，放大絕
│職│場│求│生│攻│略│

4.1 當新人「撞上」了人際關係的牆

新人走進職場，也許比工作更為迫切的，是想要融入工作中的人際圈，好像能與同事打成一片就意味著能夠勝任這份工作，就能被這份工作「認可」了一樣。

事實證明確實如此——據統計資料顯示：良好的人際關係可使工作成功率與個人幸福達成率達到百分之八十五以上；一個人獲得成功的因素中，百分之八十五決定於人際關係，而知識、技術、經驗等因素僅占百分之十五。人際關係這個似乎看不見也摸不著的重要因素，在極大程度上影響了人們的生活（圖 4-1）。

圖 4-1　人際關係是走向成功的關鍵

人際關係的主宰者不是別人，而是自身的感情和需求。例如你需要的是一個能與你互相學習、共同進步的人，你就會去尋找與你

志同道合的朋友。

　　當職場新人撞上人際關係這堵牆時，要想在工作中迅速打通自己的人際關係通道，就要先從自身開始，避免那些可能會毀掉職場人際關係的因素，克服自身的「交往障礙」。

4.1.1　別讓這四類話毀了你的「交友圈」

　　與人交談是每個人每天都在進行的一項必要的活動，在職場中難免需要與人打交道，或許你覺得：掌握必要的禮儀就夠了，說話這種事還需要學習什麼呢？但是，禮儀往往只是與人交往的開端，你不可能一直與對方重複地說「你好」、「早安」這樣的話，與人溝通必然有它的目的性，例如你和你的老闆說話是為了向他匯報工作，你和你的客戶溝通是因為合作項目，甚至你只是隨便和朋友聊聊天，也是在釋放你的壓力……怎樣才能更好、更有效地溝通，讓談話達到它的目的性，就是你需要學習的事（圖 4-2）。職場中，在與人交往時就隱藏著四大「語言殺手」，快來看看你會不會成為它們的「刀下亡魂」吧！

圖 4-2　與人溝通具有目的性

　　第一，嫉妒別人時說的閒話。每個人在心理層面上，都渴望別人認可自己是最重要的、最有能力的強者，而現實生活往往會冷酷無情地打破人們的這種想法，於是，在許多人還沒有平衡好這種心理落差卻看到別人成功的時候，嫉妒就產生了（圖 4-3）。例如 A和 B 一同競爭某一職位，他們能力相當、人脈相當，各占五成的可能，但最後 A 落選了，這時如果情緒處理不當，A 就極其容易產生嫉妒心理。因此，嫉妒不是一件無緣無故的事情，起因往往是由於個人看不慣別人比自己強。每一種情緒產生後都會有其釋放的出口，而嫉妒的情緒出口通常就是說閒話：A 會在嫉妒的驅使下說 B在競選時做過如何糟糕的事情，盡可能地放大 B 的缺點，然後拚命抹黑他，從而讓自己的內心達到平衡。但是這樣往往會引起其他同事的疏遠和防範，使得 A 的職場道路和人際道路越走越窄。

圖 4-3　嫉妒者將憤怒的矛頭指向他人

要想丟掉嫉妒這個「小人」的面具，不讓嫉妒產生的閒話傷害自己的人際關係，就要認識到嫉妒的危害，樹立正確的競爭意識，公正客觀地評價自己和他人。

嫉妒是一種被破壞的優越感。像上述例子一樣，如果 A 不具備與 B 競爭的條件，沒有那五成的希望，就不會嫉妒 B 的成功當選，正是這種優越感讓 A 覺得自己有能力競爭，也是這種因為落選而被破壞的優越感讓 A 產生了嫉妒，但是換個角度看，一場競爭總會有輸贏，失敗卻並不意味著全盤否定一個人，反而可以成為成功路上的一塊墊腳石。

嫉妒往往無益於自身的心理健康，對自身的人際關係也有較強的破壞力。因此，當你的嫉妒心想要跳出來「造反」時，不妨先閉緊嘴巴，讓自己冷靜下來。

第二，不經大腦思考的胡話。職場中不乏一些性格耿直的人，

他們的坦誠、直言不諱也獲得了同事及主管的信賴。但還有一種「耿直」，不僅不會獲得良好的人際關係，還會導致人際關係破裂。

例如你的一位同事花大錢買了一個 LV 的包包，其他同事紛紛稱讚漂亮，你瞥了一眼，正好不是喜歡的顏色，於是你說一句：「我覺得一點也不好看，這種綠色好醜！」大概有五秒鐘，整個辦公室的氣氛就像被人按了暫停鍵一樣，連空氣都停止流動了。

你也許還不知道自己脫口而出的一句話會為你的人際關係帶來一場怎樣的災難。雖然你誠實地說出了內心想法，滿足了大腦的一時需求，但是卻中傷了你的同事，即使你的同事沒有當場翻臉，也會因為你的「不給面子」而對你產生誤會。這類事情發生得次數多了，你的人際關係也會慢慢冷場。不經大腦思考的胡話，其實是情緒化的失敗產物，這種情緒可能出於一時憤怒、一時衝動，但是說出去的話就像潑出去的水，就算你日後有多麼懊悔，也無法再收回來。

每個人心裡都住著一隻衝動的魔鬼，喜歡趁你不經意或情緒翻湧時跑出來興風作浪，你要做的就是好好控制它，理性地過濾一遍（圖 4-4）。

圖 4-4　說話前先用大腦過濾一遍

　　第三，被肯定、獲得稱讚時驕矜自滿。別人肯定你，是因為你在某個領域確實做得很不錯。這個世界需要表揚的言語，但不要因為獲得了別人的肯定而變得狂妄自大、迷失自我。

　　驕矜的態度只會讓更多人討厭你、遠離你，甚至為你帶來一些不必要的麻煩。例如老闆當眾誇獎你完成了某個項目時，你卻回答：「這算什麼，我還完成過比這更難的！」此時，不妨換位想一想老闆及同事聽到後的心情。不要讓自己被扣上一個恃才傲物的形象，要知道，水能載舟，亦能覆舟。

　　第四，被人忽略時抱怨連連。被人忽視的感受很不好，這種感受放在任何人身上都一樣，在職場上這樣的事情也不算罕見。但是，如果因為被忽略就開始抱怨別人的不是，必定會使你的人際關

係被「插上一刀」。

沒有人會無緣無故地忽略別人，很多時候，因為各種因素的阻擋（例如沒有聽到你的話、有難言之隱等），別人沒有即刻回覆你，而你完全可以將「你怎麼是這種人！叫你都不回答！」改為「嘿！你聽到我在叫你嗎？」只是換一種語氣，就能立刻產生兩種截然不同的印象。

有國外的神經科學家和心理學家研究後發現，大腦的工作方式就像肌肉一樣會「條件反射」，如果讓它接收太多負面資訊，很可能會導致當事者也按照消極的方式行事，更糟糕的是，長時間暴露在抱怨環境中還會使人變得愚蠢和麻木。

愛抱怨，傷害的可能不僅僅是你的人際關係，還會為你自身帶來負面的影響，因此，選擇一種寬容和理解的交談方式很有必要。

人際交往中這四類應該避免的話，你「中招」了嗎？

有則改之，無則加勉。只要用真誠的心去與人交往，一定可以收獲職場上的「交友圈」。

4.1.2　人際交往沒你想像的可怕

在電視劇中常常能看到職場上爾虞我詐、爭相鬥法的場景，小說裡描寫的職場也是各種明爭暗鬥、居心叵測，加上現實中同事之間本來就存在著競爭，種種因素，讓許多初入職場的菜鳥對職場中的人際關係心生恐懼，在職場中封閉自己，不願與人交談。

其實，現實生活中的職場人際交往沒有你想像的那麼可怕，做

好以下幾點，你就能順利地走好自己的人際交往之路。

「人人平等」已經成為老生常談的詞語，在與人交往的過程中，這是最基礎也最重要的原則。面對職場中那些經驗比你豐富、職位比你高的同事或上司，你不需要因為自己沒有什麼經驗、資歷淺、經濟條件差等原因而自卑，從而沒有勇氣跟他們說話。每個人都是從零開始的，你的上司、那些有經驗的同事所擁有的成就也是一點一滴累積起來的，你也可以與他們一樣，透過時間的沉澱、自身的努力，獲得你想要的成就。

在人際交往中，不去過高或者過低地看待別人，不把別人想像得高高在上或者不堪一擊，這樣才能真正做到平等交往（圖 4-5）。

圖 4-5　人際交往中有一座天平

人際交往離不開信用。每個人都有自己的信用值，信用值越高的人也越值得被信任，同時也能獲得更多的財富（包括金錢和朋

友），而這個信用值的分數是透過別人打的，你可以說自己的信用值很高，但要是別人不相信，你還是不會有什麼收穫。

雖然你無法決定信用值的高低，但你可以影響別人對你信用值的判斷。古人有「一言既出、駟馬難追」的格言。所以同事之間，不要隨便給承諾，一旦承諾，就要盡力去完成。不僅是信守承諾，誠信往往展現在你平常的言談之中，描述事情時要盡量貼近事實，不去過分渲染，這樣就能夠給人良好的交談感受，讓人覺得你誠實可靠。

想要獲得某件商品，你需要用等價的金錢去交換，這個條件在人際關係中同樣適用。交往雙方互惠互利的前提下，才能保持關係的平衡。人際交往是一種雙向行為，今天你給他一顆蘋果，明天他還你一顆水梨，故有「來而不往非禮也」之說。只有單方獲得好處的人際交往是不會長久的，一直都是你在給蘋果，而對方卻只知道吃，你必然會遠離他。同樣，若是你一味地接受而不付出，對方也會遠離你，所以要雙方都受益、能夠各取所需。不論是物質還是精神，交往雙方都要講究付出和奉獻。

人際交往中的摩擦在所難免，也不要因為怕麻煩或者害怕爭吵而不與人交往，應學會寬容和體諒，有自己的原則和態度，這樣必然會贏得他人的尊重。

為人處事遠沒有想像中的簡單，僅僅是三言兩語還無法闡述一個清晰的、全面的人際交往的世界。所幸還有跡可循。就像與人下棋，當你遇見了一個人並且開始人際交往時，你們之間的棋局就已

經開始了（圖 4-6），規則是落子無悔，即使你覺得中間有一步走錯了，也無法倒退回去改正，但你可以從中汲取到經驗教訓，這些寶貴的經驗會讓你在與其他人開始新的棋局時，發揮出它的作用。當你在一局棋中犯了錯時，還可以去思考原因，去改正方式方法，去盡力挽回。所以不用那麼害怕，可以敞開心扉面對全新的人際圈。

圖 4-6　人際交往是一盤棋

4.2　新人必知的職場交往法則

人際交往有四個度：向度、廣度、深度、適度，它們決定了你擁有一個什麼樣的朋友圈，也是人與人交往是否有益的前提。

向度是指你選擇要跟怎樣的人交往；廣度和深度比較好理解，就是交往的範圍和交往的深淺程度；在人際交往中，最重要的莫過

於最後一個「適度」了。交往中要適當地把握分寸，知道一句話該怎麼說、該說到哪裡截止，交往的適度可以說是一個人社交成熟的標誌，而人際交往法則可以教你怎樣找到這個分寸、把握這個分寸，讓你學會替自己的言談舉止加一點技巧。懂得一些必要的職場法則後，職場新人也可以在人際交往中「如魚得水」（圖 4-7）。

圖 4-7　職場中與人交往有道

4.2.1　「彈簧」法則

職場如同彈簧，一個人越是能承受壓力，那麼他的彈性將越大。同時也會拉大他的發展空間。一個人在職場中越能承受折磨和非議，也就越能承擔責任和壓力，主管也願意將重要的工作交給他。一個人在職場中越是沒有彈性，硬邦邦地按照自己的原則處事，不肯變通、不肯讓自己受委屈，就失去了很多競爭機會和發

展空間。其實不止工作，人際關係也是這樣，需要一些彈性（圖4-8）。

圖4-8　你具備「彈性」嗎？

小美是一名初入職場的新人，她進入公司的第一天就引來了眾多同事的「圍觀」。之所以會這樣，是因為她是公司裡學歷最高的應徵者，除此之外，她還是學校裡聞名遐邇的校花。至於這些前來圍觀的同事是在看「才女」還是在看「美女」，就不得而知了。總之，小美進入公司時的高起點大家有目共睹，而小美也因為自己底氣十足，對未來的工作充滿了信心。

三個月的適用期很快已經走了三分之一，這期間小美的工作做得很出色，受到了上級主管的一致賞識與好評，然而她卻一點也不開心：她既漂亮又有才華，面對工作也勤奮上進，但是人際關係這鍋粥卻煮得一塌糊塗，不僅被同事冷漠相待，還有一些同事表明看她不順眼。

小美想起自己剛進公司時大家眾星捧月一般的待遇，再和現在比較，感到十分委屈。好在她不是喜歡把什麼事都悶在心裡的人。

她找到公司裡一個比較文靜且好說話的同事去問清緣由。原來，小美落到現在這樣無人搭理的局面，全是因為她那爭強好勝、不肯吃虧的壞脾氣。

女人愛美是天性，小美作為「校花」，更加注重自己的形象，不僅經常在上班時間為自己補妝，對於追求者送來公司的花束，她也喜歡擺放到辦公桌上。不巧的是，坐在她旁邊的同事對花粉過敏，經常被小美的這些花弄得噴嚏連連、呼吸不暢，十分影響工作。於是這位同事向小美提出了意見，請她先把這些花移到倉庫，或者乾脆讓其追求者不要把花送到公司。小美覺得這位同事是故意找碴，於是強硬地回擊道：「妳要是受不了我這些花，可以向主管提出調換位子啊！為什麼非要讓我把它們搬走？」那同事一聽小美是這種語氣，也生氣了：「妳天天在上班時補妝我管不著，但妳擺的花已經嚴重影響到我工作！再說了，工作場所是拿來讓妳開花店的嗎？」說到這裡，小美更加確定同事是故意找碴，更堅決表示不會移花，最後，那位同事一氣之下向公司請求調職。這件事很快就在公司傳開，有人勸小美把花收起來，小美卻說對方不公正，是幫那個同事打壓新人。就這樣，漸漸地沒有人願意跟她說話了。小美卻滿不在乎，依舊我行我素，結果釀成了現在的局面。

直到現在，小美才意識到自己犯了人際關係中一個多大的錯誤。原本她不肯移花就是因為賭氣，到最後，這些花卻成了她人際關係中最大的障礙。小美立即撤走辦公桌上的那些花，並且找到那位同事，向她誠懇地道歉，同時也改掉了自己喜歡上班時當眾補妝

的壞習慣（圖 4-9）。

圖 4-9　知錯能改，找回自己的「彈性」

　　取得同事的原諒後，小美與同事之間的關係也得到了大大的改善，她對工作的熱情也成長了不少。一個月後，小美因為表現優異，公司主管決定破例讓她提前轉正。

　　職場中像小美這樣的例子還有很多，許多求職者因為自身條件較好，覺得自己學歷高、樣貌好，就比別人「高一等」，不能看到別人的優點，也不肯接受別人的批評指正，姿態擺得很高，不願意放下身段。這往往會成為一件讓人不高興的事情。像小美那樣，太過自滿會矇蔽人的雙眼，不肯遷就反而還賭氣，就已經失去了自己性格中的「彈性」，對於錯誤一意孤行的話，最終會讓自己陷進窘境。所幸，小美最後幡然悔悟，及時認錯補救，所以挽回了局面。

　　「忍」是心上一把刀，沒有屈，也就意味著沒有「伸」的可能性（圖 4-10）。「忍」不是要被動承受，而是要忍耐，你得知道你的承受是有意義的，而不是單純地為你帶來痛苦的情緒和境遇。說

話做事前最好先參考整個大環境的情勢，能夠因時制宜，讓自己多保有一些彈性。不然，一個失去彈性的彈簧，注定只能保持現狀，它的性能也會越來越差，最終失去它應有的價值。

圖 4-10　保留一點彈性，給自己伸展的空間

4.2.2　「豪豬」法則

你認識豪豬這種生物嗎？與圈養的家豬不同，豪豬渾身長滿了堅硬而銳利的尖刺。你或許會奇怪，這與職場的人際交往有什麼關係？但是人與自然是密不可分的，存在於人們心中那些模糊不清的概念和難以言表的邊界，會在自然界其他生物的互動中被巧妙地展現出來。人際交往中的「豪豬法則」，就源於德國哲學家叔本華的一則寓言：一群豪豬在一個寒冷的冬天裡擠在一起取暖，但牠們的尖刺互相攻擊，於是不得不分散開，可是寒冷又使牠們聚在一

起，於是同樣的事情再次發生了，經過幾番聚散，最後，牠們發現最好的辦法是彼此間保持適當的距離（圖 4-11）。

圖 4-11　渾身帶尖刺的豪豬

　　從這個故事中，你是不是已經隱約發現什麼了呢？或許你已經聯想到自己在職場中與同事相處的一些細節，你或者同事在與人相處的過程中，就像裝上了豪豬的尖刺，會刺得人不舒服。出現這類情況並非偶然，它源自於每個人需要的距離感。

　　每個人都有自己的空間距離，距離的範圍或大或小，這種距離在許多公共場景中都可以探知一二。例如，一排五個人的座位，從左至右按照一、二、三、四、五編號，當一個人坐在最左邊的一號位置時，第二個人通常就會坐在第四號或者第五號座位；第三個人就會坐在兩人的中間，即三號。這個規律的來由，其實就是人們心理上與陌生人保持的距離。現實生活中，比如當你搭乘捷運時，面對較為空蕩的車廂，一般情況下你不會選擇與其他人擠在一起坐，

而是會默默地找個旁邊沒人的空位坐下。個人的空間距離一旦遭到陌生人的侵犯，就會發生前面那種「豪豬取暖困境」的問題。

在職場中要掌握好與同事、上級主管之間的這種距離關係，行為和語言是關鍵（圖 4-12）。

圖 4-12　職場中應學會把握人與人的心理距離

站在某種程度上講，同事是不適合成為朋友的，距離才會產生美。並不是要和同事保持在幾公尺遠的距離之外，或者對其防備有加，而是在行為和語言上需要尊重對方，留給彼此一些共處的空間。

例如你要和同事共同完成一件工作，而你們卻在工作中產生了巨大的分歧，要是你或者同事在意見分歧中產生憤怒感，然後口不擇言地對彼此展開了人身攻擊，想必這件工作也很難進行下去了。

　　不管是面對同事，還是面對其他人，都不要把語言變成傷害人的武器，也不要把別人帶來的語言傷害以同樣的方式「加倍奉還」。要掌握好語言的分寸，不激進，也不畏縮，才能與同事保持一個良好的距離（圖 4-13）。

圖 4-13　「保持距離」

　　日常工作與人相處交流處處都是學問，底線就是不要侵犯到別人和你保持的心理距離。心理距離一旦被侵犯，就會讓人產生不舒服、不安全，甚至是惱怒的感覺，自然就會拉開兩人之間的距離。

　　每個人的距離感都不相同，有些在你聽起來較為私密的話，在別人聽起來或許就無所謂，但是，就算是面對那些較為「寬容」的人，也不要隨便亂開玩笑，這是對他人的一種尊重。

　　與同事保持良好關係的方法就是保持一定距離──可以像豪豬那樣，既能抱團取暖，又不會被刺。在職場中與人交往，最需要注

意的就是不要被你的情緒控制，不要在鬧脾氣時說些傷害彼此感情的話。從禮貌問好開始，保持適當的距離，讓距離產生美，產生工作效益。

4.2.3　白金法則

情緒是一張善變的臉。最容易影響一個人情緒的，往往不是那些重大事件，而是另一種情緒。在與人交往時，一方的強烈情緒會影響到另一個人，而兩個人如果有著相似的好情緒，則會在溝通時產生一種奇妙的融合，你會覺得與對方談話很舒服，對方也會有同樣的感受。情緒互相傳遞、互相影響（圖 4-14），想要運用情緒獲得良好的人際溝通嗎？一起來看看人際交往中的白金法則吧！

圖 4-14　情緒是互相影響的

白金法則有三個要點：①行為合理，不能別人要什麼給什麼，做人、做事都需要底線；②交往應以對方為中心，對方需要什麼，我們就盡量滿足對方什麼；③對方的感受是基本的標準，而不是說你想做什麼就做什麼。

由此便可以簡單地概括了白金法則，即在不超過法律底線的情況下，盡可能以對方的感受為基本，並且盡量滿足。

情緒在與人溝通中起著至關重要的作用，一場良好的溝通，必然要達到雙方情緒上的和平共處，能夠盡量滿足對方的需求，也就能夠更加促進彼此之間的情緒互動。例如，你看到對方因為你的某一舉動而感到開心，你自然而然也會感到開心，當兩個人的情緒達成一致後，溝通也就變得簡單易行多了。要產生這種有效的溝通、良性的互動，能夠顧慮到對方的感受是最有效的辦法，即同理心（empathy）。

舉個簡單的例子，假如你和對方一起去吃飯，你考量對方可能有自己愛吃的，就會讓對方先點菜，或者詢問對方的意見。而不懂得同理心的人就會直接拿起菜單點自己愛吃的菜（圖 4-15）。

圖 4-15　學會同理心

　　想要打開自己的人際交往圈，除了懂得同理心，還可以從對方喜歡或是擅長的話題開始，盡量找到共同語言。例如你觀察到你的同事不喜歡吃員工餐，而是每天自己做飯、帶便當，每頓飯菜都不一樣，擺放也很精緻，你便可以從「烹飪」這個話題開始，問你的同事是不是很喜歡料理，如果同事回答說是，你就可以順著這個話題說下去，如果你的同事回答「不喜歡，只是因為有強迫症」，你的話題便可從「食物」順勢轉移到「強迫症」這一方面。

　　隨機應變是交談中最重要的，不要死守著自己擅長的話題不放，你喜歡的，別人未必也喜歡。一直自說自話，無疑會把談話變成一場尷尬的自白。剛開始與人聊天，最好不要問一些具有「侵犯感」的問題，例如不要對一個剛見面的同事問：「你結婚了嗎？」（顯得你別有用心，儘管你只是想打開話題）。從對方的興趣愛好開始了解，既不會引起尷尬，也不容易冷場。一般情況下，熟悉一個人都是由淺至深，當你們的關係到了一定的親密程度時，再問這種具

有隱私性的問題，就不會讓對方覺得你「越界」了，因為你們互相打開了那道心理防線。關於較私密的問題，最好不要去問，應該等對方主動告訴你（圖 4-16）。

圖 4-16 別讓你的語言「越界」

你希望別人怎麼對你，就先怎麼對別人。不要低估了那些語言交談中的小細節，例如跟別人說「努力工作很重要，不是嗎？」而不是說「你應該努力工作。」後面這樣的話太過於直白，對方聽了很容易感覺不舒服。每一件小事情都有它的影響力，轉換語氣會改變你整體形象和態度。友善的語氣可以傳遞自己的正向情緒，幫助你獲得良好的溝通。

4.3 新人這樣打開社交圈

在忙著打開你的社交圈時，先想一想自己為什麼要與人建立關係呢？是被對方的外貌所吸引，還是因為對方的金錢和能力，或者是你們具有相似性或互補性？弄清楚你的目的，才有可能真正

建立與對方的關係。

　　就像交朋友一樣，那些特定的時間、地點、事件等因素都不是你和對方成為朋友的關鍵，而是你心裡想和對方成為朋友，或者有這種你未曾察覺的意圖，不然，面對一個自己討厭的人，你是不會想和他有任何關聯的。

　　在職場中，職場新人想要打開自己的社交圈，就要先拿出自己的誠意，記住同事的名字，學會欣賞和讚美對方。人際交往中的技巧固然重要，但當真正有「品質」的朋友來了，也要自己能夠把握得住，這需要不斷地自我充實，只有不斷充實自己，才能夠與他人侃侃而談，才能夠認識更多所謂「高層次」的人。還等什麼？現在就開始建立屬於自己的人脈圈吧（圖 4-17）！

圖 4-17　打造自己的人脈圈

4.3.1　努力記住同事的名字

　　記住別人名字這件「小事」很容易被人忽略，不妨試想一下，

當別人記不住你的名字，叫「喂」或者「欸，那個誰！」的時候，你是什麼心情？是不是不太舒服呢？有沒有覺得自己沒有受到他人的尊重？如果有，那麼你要知道：當你也這樣叫別人，或者你因為記不住別人的名字而用別的稱呼代替時，別人的心情與你是一樣的（圖 4-18）。

圖 4-18　記住他人的名字

多數人不記得別人的名字，只因為不肯花時間和精力去專心地把他人的名字耕植在自己心裡，而當你剛來不久卻能清楚地說出同事的名字時，便會讓你的同事產生一種「被你尊重」的心理感受，也是對他的一個小小的恭維。因此，在工作中能夠努力記住同事的名字，一定會替你的人際關係加分不少。

記住人的名字並非易事，你現在記得，說不定等一下就忘了，在面對的人很多的時候更是如此。華人有百家姓，與之組成的名字成千上萬，更何況是在短期內就要將陌生的名字和人臉對應起來，這對於「臉盲症」族群來說，無疑更加困難。想知道如何快速記憶

嗎？不妨來找找竅門！

　　茶水間是一個很好的地方，忙碌之後在茶水間說一下話，可以很好地利用這裡的時間與同事聊聊天，透過聊天，不僅能互相了解、增進彼此的感情，也是一個記住他人名字的好時機。但是許多「小道消息」也是從這裡流出去的，所以在與人談話的時候，最好學會「管住嘴」，不要一打開話匣子就收不回去了。

　　剛進入一間新公司時，通常會有負責人帶你認識一遍今後工作上需要合作的人，這時你的大腦要像一部「照相機」，捕捉到被介紹者的樣貌特徵，然後和他的名字合在一起進行聯想。例如一個人叫張明，眉眼細長，目光犀利，長著鷹鉤鼻、薄薄的嘴唇，看起來像一隻老鷹，你的腦海裡就可以出現一幅這樣的畫面：一隻老鷹張開翅膀在天空中盤旋，目光明亮，炯炯有神（圖 4-19），著重記憶「張開翅膀」和「目光明亮」，再連結本人時就會方便很多。

圖 4-19　開展自己的聯想思維

在工作中接待訪客的時候也是如此，當客人說出自己的名字時，要仔細聽，接著要在腦海中記住這位客人的獨特之處，並將這種獨特之處與客人的名字做連結。當然，如果你的記憶力非凡，可以省去這一步。

在吉姆·法利擔任公司董事長的年代，他規定自己必須記住所有和自己打交道的人的名字。採取的方法很簡單——無論認識誰，都要弄清楚這人的全名，詢問關於他的興趣愛好、職業和政治觀點等。法利把所有資訊相互連結，裝在腦海裡，當下次再遇到這個人時（甚至已經隔了一年），他已經能拍著這個人的肩膀，問他工作的情況了。

當你聽到一個陌生的名字時，可以在心裡重複數遍，這也是一個最簡單易行的辦法，它能夠幫助你加深、鞏固印象，產生聯想也是以此為基礎的。雖然記住同事的名字很重要，但也不用太過刻意。假如一時想不起同事的名字就跑去問，而你又沒有其他事情要找他，可能就顯得有點煩人了。一個人的名字對於他自身來說，算得上是全部詞彙中最好的詞，即使是討厭自己名字的同事，在聽到你能夠正確流利地說出其名字時，也會對你持有好感，因為你傳遞的不光是一個稱呼，還是一份心意。

4.3.2 學會欣賞你的同事

一個優秀的人很容易受到大家的矚目，然而優秀的人畢竟是一種稀缺資源，出現在你我身邊的，大多數還是各具自身特色的普通

人。與你共事的同事，也許樣貌並不出眾，也許才藝並不驚人，但每個人都是獨一無二的存在，靈魂裡一定有屬於自己的故事和祕密，也必定會有你所不能及的長處。學會欣賞你的同事吧！不僅僅是為了獲取他人好感，當你開始學著欣賞別人時，你的心態、你看待事物的角度和思維，都會跟著你一同成長（圖4-20）。

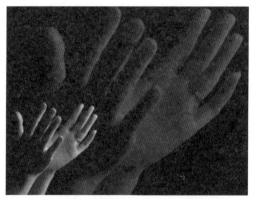

圖 4-20　學會欣賞，為他人鼓掌

　　欣賞別人之前，要先學會欣賞自己。如果你經常覺得自己一無是處、笨手笨腳，什麼都做不好，那麼你自然就沒有力氣再去發現別人的優點；即使發現了別人的優點，也不能為你自身帶來任何成長，反而會把它當作懲罰自己的依據。例如當你看到一個人多才多藝時，你會更加討厭自己的木訥，覺得自己很蠢。欣賞不是一份微波食品，需要的時候就能快速派上用場，需要慢慢轉變這種消極想法，調整、端正心態，才能學會欣賞自己和他人（圖4-21）。

圖 4-21　欣賞他人，從悅納自己開始

　　十九世紀末，美國西部的密蘇里有一個壞孩子，他偷偷地向鄰居家的窗戶扔石頭，還把死兔子裝進桶子裡，放到學校的火爐裡燒烤，弄得臭氣熏天。九歲那年，父親娶了繼母，父親告訴繼母要好好注意這孩子，而當繼母進一步了解之後，卻對孩子說：「我知道，其實你不但不壞，還很聰明，只是你沒有正確地發揮這份聰明。」繼母很欣賞這個孩子，在她的引導下，孩子的聰明找到了正當發揮的地方，後來成了美國著名的人際關係學大師（圖 4-22）。這個人就是戴爾·卡內基。

　　從上述例子中可以看出，欣賞是一種讚美，而讚美的力量在於，它能把一個看起來糟糕透頂的人變成另外一種完全不同的樣子。語言可以塑造一個人，也可以毀掉一個人，如果你想運用讚美的語言去欣賞一個人，那麼你的語言最好能夠符合事實，並且不誇大其詞。試想，假如當時卡內基的繼母是這樣誇他的：「哎呀，寶

へ！菜鳥仔
凱瑞你斜槓，開外掛，放大絕
｜職｜場｜求｜生｜攻｜略｜

貝，你能想到對別人家的窗戶丟石頭，簡直太聰明太厲害了，別人只是沒有發現這一點而已！」結果可能就大不相同了，小卡內基長大後很可能會變成一個破壞狂。

圖 4-22　學會運用讚美的力量

這個世界不缺少美，只缺少能夠發現美的眼睛。欣賞，能夠讓平凡的生活變得美滿和諧。有了欣賞，一切美好願望都有了實現的可能性。

欣賞算得上一件高價值、低成本的事，學會欣賞同事，也能讓你和同事的關係更加靠近。值得注意的是，欣賞不是盲目地崇拜，也不用勉強自己學會他人的所有優點。善於理智地欣賞他人的人，也會得到他人的欣賞和幫助，而人際關係中的友好往來經常是從這裡開始的。

4.3.3　真心地對他人表現出興趣

與人交往時，最重要的是什麼呢？想必許多人會不約而同地說出一個答案——真誠（圖 4-23）。在與人交往時，真誠就像一團空氣，時刻圍繞在我們身邊，不經意的一個小小舉動都能透露出一個人的內心真誠與否。

一個人種下什麼因，就會得到什麼果。真誠待人雖然不一定會換來對方百分之百的真誠回應，但是弄虛作假，卻一定會遭到別人的鄙夷與疏遠。

關於真誠，最重要的還是個人的態度，發自內心地想要認識一個人時，你應該怎麼做呢？

圖 4-23　與人交往需要一份真誠

ㄟ！菜鳥仔
凱瑞你斜槓，開外掛，放大絕
｜職｜場｜求｜生｜攻｜略｜

詩人顧城〈早發的種子〉：「我從沒被誰知道／所以也沒被誰忘記／在別人的回憶中生活／並不是我的目的。」人際關係中的交往模式千姿百態，可以是一同進步，也可以是一場辛苦而持久的拉鋸戰。生命中會走過形形色色的人，為你留下一些或淺或深的印跡，你可以選擇用自己的方式與人交往，但是不要太過在意別人的目光。生活在別人的眼神裡，必將迷失自己腳下的路。一滴水在河流裡不會引起別人的注意，而當它凝結成一塊小小的冰並漂浮於河面上時，就容易被單獨發現了，因此，堅定自己的樣子，才能夠吸引別人的目光。

你可以選擇直截了當地告訴對方，也可以委婉一點，總之，向對方透露出你的好感，絕大多數人都不會介意讓自己多一個朋友。切忌不要耍小聰明，例如同事 A 和同事 B 走得比較近，而你只想和其中一個人建立人際關係，因而在他們中間挑撥離間。這種「非正當手段」得來的友誼不會長久，畢竟有些時候是「聰明一世，糊塗一時」（圖 4-24）！

在別人傷心的時候給予關心。即使你性格內向，不好意思上前詢問，至少也可以遞給對方一個友善的目光和一個鼓勵的微笑。一般人都不喜歡輕易表態自己的難過，因為人們的潛意識裡覺得：「我哭、我難過就是在告訴別人我很脆弱，這樣是不好的。」但如果哪天你發現同事真的表現得不開心甚至是痛苦時，他必然遭遇了棘手的事情，你給予一定的安慰就能夠形成「雪中送炭」的效果。

圖 4-24　不要輕易打碎人與人之間的信任

　　在與人交往的過程中，你把自己抬得過高，別人未必會仰視你，只會對你敬而遠之；你把自己擺得過低，別人未必會尊重你，會覺得你是矯揉造作。沒有人是完美的，對於自己的缺點也不必遮遮掩掩，誠實可信才能贏得認同和親近。只要你足夠平和真誠（圖4-25），相信無人可以拒絕你。

圖 4-25　真實地表現自我

ㄟ！菜鳥仔
凱瑞你斜槓，開外掛，放大絕
｜職｜場｜求｜生｜攻｜略｜

4.3.4　及時解決交往中的矛盾

與人交往時，產生矛盾是不可避免的事情，當矛盾產生了，是冷眼相待，還是立即與人唇槍舌劍地理論一番？

預備「冷處理」的，先為自己的情緒添些柴、加點火；準備「熱處理」的，就替自己的情緒澆盆冷水、滅點火。總之，不要被情緒牽著鼻子走。

如果讓情緒成了你的主人，說不定還會令小事化大。生活中很多矛盾都是從一些雞毛蒜皮的小事開始的，如果雙方都不能互相體諒，反而被情緒所驅使，無疑會讓矛盾的裂縫越來越深（圖4-26）。

圖 4-26　別讓情緒成為你的主人

例如人們生活中很常見的場景：A 不小心踩髒了 B 的新鞋子，本來 A 誠懇道個歉，B 再把鞋子擦乾淨就能解決的事情，B 卻被怒

火控制著，非抓著 A 不放，要求賠償，A 一看自己都已經道歉了，B 還這麼得理不饒人，於是也生氣了，接著你一言我一語，演變成打架，最後誰也沒有占到便宜。

　　矛盾往往為人帶來一系列糟糕的感受，當你在人際交往中與人產生矛盾時，不管是誰的錯，都會為你的情緒帶來一定程度的打擊。許多人乾脆放棄掙扎，讓自己陷入矛盾之中，這樣極容易掉進一個惡性循環。

　　如果錯在你，就勇敢一點去道歉，這樣也能避免受到自身情緒的譴責；如果錯在對方，就不要總是拿對方的錯誤來懲罰自己。

　　矛盾的產生有很多種原因，有時候不單純是你的錯或是他的錯，也可能會受到一些事情、時間、社會因素等影響，這時，就要找到矛盾產生的主因，然後再去解決它。

　　產生矛盾不一定全是壞事，很多時候，矛盾處理得好，反而能帶來一些意外收穫，例如你和同事在工作上發生分歧，你們各有各的道理，因此互不相讓。這時候，你一定要與對方拚個你死我活嗎？當然不能，那樣做，除了使矛盾愈演愈烈，對解決問題起不到任何作用。你們可以採取一種雙贏的模式：如果你們的方案不能合併在一起使用，一時也無法決定誰的方案更好，那麼可以先坐下來，分析彼此方案的利與弊，經過一番商議後，選擇其中一套作為備用。

　　總之，方法要比問題多。當矛盾產生了，先找到解決方法才是最重要的，逃避或者敵視，永遠沒有調適、解決來得有效（圖

ㄟ！菜鳥仔
凱瑞你斜槓，開外掛，放大絕
│職│場│求│生│攻│略│

4-27)。

圖 4-27　人際關係中的矛盾，你會解決嗎？

　　在職場中，偶爾也會有一些惡意欺凌的事件。職場「惡霸」喜歡把新人菜鳥當成出氣筒，仗著自己官大一級就目中無人，隨意辱罵、威脅，甚至用肢體衝突來發洩憤怒。如果你是其中的一員，就要學會不把自己放在受害者的位置，不把自己的心態放在弱勢的一方，積極尋求第三方的協助，例如其他同事、主管等。當矛盾產生時，及時解決才是有意義、有價值的做法。要及時解決矛盾，盡快讓堵在心裡的那塊石頭消失，不讓它成為阻礙你發展個人社交圈的障礙物。

4.3.5　主動溝通，讓上司成為你的良師益友

身為普通職員，覺得與「高高在上」的上司有距離感？很少有機會與上司近距離接觸，何談溝通？很多人都堅定地恪守與上司之間這條上下級的線，除了必要的工作匯報之外，就沒有多餘的交談。

其實，能夠與上司良好地溝通，對於自身的工作大有益處（圖4-28），而溝通的方式也可以是多種多樣的。有調查發現，員工與上司相處出現問題的原因中，有百分之六十六都是因為溝通出了問題。既然與上司好好溝通很有必要，那麼要怎樣與上司溝通呢？

圖 4-28　主動溝通，獲得知識與經驗

不要錯過交談中出現的肢體語言（圖4-29）。俗話說「眼睛是心靈的窗戶」。職場裡的目光表情，其實能顯示出一個人的品格與

修養。上下屬之間的眼神交流，更能無聲地傳達出他們之間的關係如何、默契與否。上司說話時，如果眼睛不看著你，這不是個好現象，他想用忽視來懲罰你，說明他不想評價你；上司從頭到腳打量了你一眼，則顯示其優勢和支配，還意味著自負；上司久久不眨眼盯著你看，表示他想知道更多的情況……肢體語言往往能顯示出許多溝通上的問題，例如上司的情緒變化、想要表達卻沒有表達出來的語言等。一般來說，女性在這種細節上會更加注意和敏感，但是，這種敏感度是可以透過訓練而獲得的。因此，平時就應多多練習，提升自己敏銳的捕捉能力。

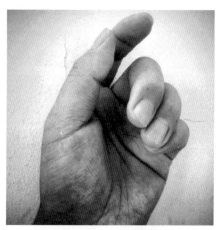

圖 4-29　關注無聲的肢體語言

　　上司的性格各有不同，處理人際關係也不像那些套公式的數學題，你需要「對症下藥」。例如對於一個辦事講究「快狠準」、脾氣火爆的上司來說，你的提問最好是簡明扼要、直切主題；而面對一

個寡言少語卻比較善解人意的上司，你可以先從普通的家常話題聊起，等到聊天漸入佳境再來談你想要問的問題。總之，聊天時要結合當下的時間、環境、對方的情緒等方面靈活切換話題。

你有沒有發現，在你還在讀書的學生時代，那些成績較好、表現較為優秀的孩子，與老師之間的良性溝通也比較多？不論是哪一方主動開始談話，都能促進雙方關係的發展，其結果就是在提名學行俱優獎、模範生的時候，老師會優先想到他們。

在職場中也是如此。當然，讓上司成為良師益友固然很好，但也要拿捏好分寸，培養適當的友好關係（圖 4-30）。

圖 4-30　溝通，建造社交圈的橋梁

4.4　職場加油站

或許你已經在職場中；或許你即將踏入職場；或許你在提前為進入職場做準備。不論你現在是否已經在工作，你都必須明白，在職場中，人際關係是唯一可以與職業技能分庭抗禮，甚至在某種情況下還會超越職業技能的重要因素。「人脈就是財富」、「你的人脈決定你的成功」。類似的句子相信你也略有耳聞。

既然人際交往的重要性眾所周知，那麼，如何建立一段良好的人際關係呢？ 快來看看你還有哪些可以做的事情吧（圖 4-31）！

圖 4-31　學會組建自己的人際圈

4.4.1　主動承擔，不做職場「含羞草」

主動承擔，在工作中積極努力的態度會得到同事和主管的一致好評，對於個人在工作中建立與擴展人際關係也大有幫助。主動承擔可以分為兩大類，一是主動承擔責任，二是主動承擔不屬於自己

的任務。

　　很多時候，不願意承擔責任是因為懼怕承擔責任後的懲罰，這是一種本能的防禦心理，也有人是因為羞於承擔。不願承擔自己責任的情況在生活中很常見（圖4-32）。但是，一個人犯了錯卻不肯承認，在人際關係中是「混不開」的。誰都討厭背黑鍋，尤其討厭把「黑鍋」扔給別人的人。

圖4-32　肇事司機逃逸──迴避責任

　　有三隻老鼠一同找到了一個油罐，牠們商量著，讓一隻踩著另一隻的肩膀，輪流上去喝油。於是三隻老鼠開始疊羅漢，當最後一隻老鼠剛剛爬到另外一隻老鼠的肩膀上時，不知什麼原因，油罐倒了，還驚動了主人，三隻老鼠嚇得四處逃竄。

　　回到鼠窩，大家開會討論為什麼會失敗，最上面的說：「我沒有喝到油，而且我會推到油罐，是因為下面的老鼠抖動了一下。」

ㄟ！菜鳥仔
凱瑞你斜槓，開外掛，放大絕
｜職｜場｜求｜生｜攻｜略｜

中間的老鼠說：「是因為我下面的老鼠抽搐了一下，我才抖動的。」
最下面的老鼠說：「我是因為聽見門外有貓的叫聲，才害怕地發抖
呀！」原來牠們都沒有責任！

　　這一則寓言看似在說老鼠，實則在諷刺那些遇到困難只會互相
推諉的人，大家把自己身上的責任推得一幹二淨，最後誰都不會有
進步。

　　失敗了就躺在那裡，不去承擔責任，問題就會一直阻礙你前
行。

　　除了主動承擔責任，樂於助人、主動幫忙（圖 4-33）也會為人
際關係添磚加瓦。

圖 4-33　樂於助人，擁抱你的正能量

　　想想看，我們真的能夠清楚地說出 Nike 的運動服和愛迪達的
運動服有什麼明確的區別嗎？ 或許很多人都不能夠清楚其中的區

別，但是在消費的時候，人們卻毫不猶豫地選擇了自己心目中的理想品牌，這樣看來，擁有更多粉絲的品牌，自然也能獲得更好的業績。

在人際關係中，一個願意主動承擔的人，就像一個傳達給消費者信心的品牌，品牌獲得粉絲，而你將獲得更多的朋友。

4.4.2　學會接受現在的工作

你對現在的工作並不滿意，或許是因為現在的工作與你想像中的完全不一樣，或許是因為你與同事相處得不愉快，或許還有各式各樣的原因。但是，如果你不打算馬上走人，那麼最好還是先讓自己冷靜下來，學會接受現在的工作。

馬洛斯需求層次理論按等級把人類的需求劃分成五類（圖4-34），最基礎的生理需求就是人們必不可少的吃飯、睡覺；其次的安全需求就是個人健康、家庭財產；緊接著是愛與歸屬需求，即我們每個人都離不開與人溝通，希望得到相互的關心和照顧；尊重需求是指個人對於自我價值的需求，尊重他人，也渴望得到他人的尊重；最後的自我實現是最高層次的需求，是指實現個人理想、抱負，把個人能力發揮到最大程度，也就是你的內在潛力。想一想，現在的工作把你帶到了哪一層呢？又或者，你選擇讓它停在了哪一層呢？

圖 4-34　馬洛斯需求理論

　　當你對工作有了一個清晰、深刻的看法之後，再來接受工作中的人際關係就容易很多。如果你對本職工作提不起半點興趣，整天昏昏沉沉敷衍了事，那麼對於工作上的人際交往就更不用提了。別再覺得這些人際關係之類的不重要。從需求層次中可以清楚地看到，從愛與歸屬需求開始，往上就再也離不開人際關係了。

　　人和環境互相影響，要滿足自己的第三層需求，滿足愛與歸屬需求，必然要克服自身與環境的雙重影響，能夠與他人產生連結，這需要你在工作中與人交流；要獲得第四層需求，使得自己覺得被人尊重，就需要個人在人際關係中產生影響力，這可不是單純地用金錢就能滿足的需求，很大一部分取決於個人的性格、特質，例如是否自重、自愛等，這是花多少錢都買不來的。如果一直停留在金

錢的概念上，那麼我們將永遠無法突破第四層需求。金錢可以為你帶來朋友，卻不一定會帶來你需要的尊重和理解（圖 4-35）。

圖 4-35 人們在人際關係中渴望被尊重和被理解

能夠達到第四層已經算是了不起了，基本上，你會具有一定的經濟財富、有價值的人脈，還有名譽。大多數人會選擇安於這一層，只有極少數的人，才會想到要向第五層、向人類的最高需求宣戰。

向最高需求宣戰的人，具有野心，卻也是實實在在勇於冒險、突破自我的行動者，此時，旁人的質疑和嘲笑也確實成了與他們無關的風景，他們只專心朝著自己的目標衝刺。

那麼，達到自我實現以後，會發生什麼呢？處於高峰經驗（peak experience）中的人，有一種比任何時候都更加整合（渾然一體）的自我感受，處在一種最高的競技狀態，個體在各種意義上最大程度地擺脫了過去與未來，「活在當下」的感受強烈而鮮明。

透過上面的分析，你已經去最頂層「晃」了一圈再回來，看到了各個階層的人呈現出一種怎樣的生活狀態。現在，你需要清醒地意識到自己正處於哪一個階層。對於你的工作，你要如何做選擇？是接受，還是拒絕？對於你的人際關係，你要如何去判斷？是繼續發展，還是轉變（圖 4-36）？

圖 4-36　選擇，判斷

接受工作是進行工作的第一步，它能確保你的工作有一個好的開始。接受工作是一種主動出擊，而不是被動的等待。把「我不想接受這份工作」變成「我願意嘗試這份工作」吧！以一種開放、學習的心態去面對，而不是在工作中備受煎熬。

4.4.3　關上抱怨的門，多點理解與感恩

人生關鍵不在於如何拿到一手好牌，而在於如何打好一手爛牌。抱怨不會讓手裡的爛牌轉好，反而會讓自己的心情變得更糟。有時候，人們往往控制不住自己的脾氣，明知道這樣不好，卻還是

忍不住抱怨、生氣。情緒越是壓抑，越難以管理。越是任由其爆發，造成的後果也越嚴重，把這樣的情緒帶到職場中，影響的不只是你的工作，當然還有你的人際關係（圖 4-37）。

圖 4-37　不抱怨，要怎麼做？

「我們公司的氛圍實在太差了，那些人只會勾心鬥角，爭先恐後地去拍主管的馬屁，做事總是你推我、我推你，做不好就說是別人的問題，像我這種只會老老實實做好自己事情的人，怎麼能在這間公司生存……」

「我們公司環境太差了，夏天就像住雞窩，悶熱難受；冬天就像住冰窖，冷得讓人直發抖……」

「我根本不想和那位主管說話，一天到晚吹牛……」

如果你經常發出這類聲音，不妨好好審視一下自己，看一看你身邊的朋友：他們是和你一起抱怨，還是已經有點無法容忍你了。

ㄟ！菜鳥仔
凱瑞你斜槓，開外掛，放大絕
│職│場│求│生│攻│略│

抱怨的根源在於人們對於現實與理想的落差產生的不滿，它會變成一根心頭刺，一旦開始抱怨，人們就會找很多理由來證明「我是對的、別人是錯的」，就像兩個人吵架時，總是挖出各種黑歷史來數落對方的不是，這個時候，雙方不會再想到對方的好，就算有人在一旁提醒，也會被忽視。

面對抱怨，理解和感恩是最好的化解方法（圖 4-38）。

圖 4-38　不抱怨，讓心裡充滿陽光

抱怨的相反就是感恩。多想一想工作中同事的優點，哪怕是一點一滴的小事，累積起來，也會變成幸福的河流。

每當你經歷了美好的事情，就將其記錄下來，或者每天花五分鐘寫下你的感激，這會為你帶來更多美好的事物。

除此之外，還可以多與豁達開朗的人在一起，學習他們化解負面情緒的方法。

　　如果能集中精力，不斷地學習、探索，提高自己的知識技能，就更能化抱怨為動力，迎來工作和人際關係中的光明面。

　　作家楊絳曾在《我們仨》裡寫道：「遇到困難，我們一同承擔，困難就不復困難；我們相伴相助，不論什麼苦澀艱辛的事，都能變得甜潤。我們稍有一點快樂，也會變得非常快樂。」

　　她在寫這篇文章時，已經經歷了喪女喪夫之痛，然而從她的文字裡，看不到那些沒有價值的抱怨，只有一份沉甸甸的情感。「稍有一點快樂，也會變得非常快樂」這句話，正是一種感恩的表現（圖 4-39）。

　　抱怨既可能是針對人的，也可能是針對環境和事物的，可以說，如果自身不端正心態，它就會無處不在，可以從各個角度來攻擊你。

圖 4-39　感恩，讓生活雨過天青

　　好在針對抱怨，可以有意識地去解決。別等到發生抱怨的時候才想起要驅除負面情緒。聰明的人懂得在平時就培養自己的良好習慣，不斷提升自己。英國作家薩克萊說：「生活就是一面鏡子，你笑，它也笑；你哭，它也哭。」關上抱怨的門，多一點理解與感恩，為你的人際關係灑下一點陽光吧！如此，世界一定會變得更加美好。

第五章　自我完善

　　生活不只有工作，工作只是生活的一部分。在工作中要勤奮磨練自身技能，在職場交際中要懂得禮儀與話術。而在下班之後——你需要忘掉這些，做自己的主人，在工作之餘不斷地完善自己。

　　問題是，如何規劃屬於自己的時間呢？工作需要消耗大量的精力，因此許多人一回到家就澈底地「放飛自我」，癱倒在床上滑手機、上傳限時動態，把那些社群軟體逛了一遍又一遍，結果往往讓自己更累，還一無所獲。因此，常有人感嘆「休息時間比工作還要無聊」。

　　其實，工作之外的生活可以比工作更加有趣；可以幫助你消除疲憊的狀態，進行自我完善；有很多精彩的事情可以做！

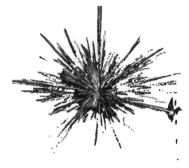

5.1　珍視工作之外的生活

工作時你有明確的奮鬥目標，你知道要怎樣去完成。那麼，在工作之外的生活中呢？你又是如何安排個人時間的？

生活和工作緊密相連，能在工作之外的時間裡把生活安排得多采多姿的人，在工作中無論是個人狀態還是工作效率都不會太糟糕，也更加容易獲得幸福感和滿足感。好好利用工作之外的時間，完善自我，你會發現自己身體裡還潛藏著無限的活力（圖 5-1）。

圖 5-1　完善自我，激發你的活力

5.1.1　白天你是世界的，晚上你是自己的

　　各個行業就像一個個散落的零件，因為人類的需求而被組合在一起，構成了「社會」這台不斷運轉的機器。站在不同工作職位上的人各司其職，一起推動著整個社會大機器的運轉。

　　白天工作使你變成社會的一份子，而作為一個單獨的個體，也需要有自己休息和放鬆的時候。當你從工作中撤退，回到家中後，你的角色也得到了轉變，成了真正主宰自己時間的主人。這一段屬於你自己的完整時間，你要如何利用呢（圖 5-2）？

圖 5-2　學會利用你的時間

　　下班後，剛一掙脫工作的桎梏，你可能又掉進了手機的牢籠裡，打開 FB，把所有好友動態都先逛過一遍，然後再拉回去重新看一遍，看看有沒有人更新，看看有沒有自己漏掉的，順便按個

讚，評論兩句。

該吃飯了，於是叫個熊貓，接著又順理成章地逛起了momo……

好吧！你可以說你不屬於這大多數裡的一員，你很清楚這樣做浪費了自己的時間，但你依舊迷茫，或者好奇：進入職場後的「夜生活」該怎麼度過，該怎麼完善自己呢？

許多職場新人出於各種原因，會把白天的工作帶回家，但最好不要這樣做。工作壓力值得被重視，但也不要刻意把自己壓得喘不過氣來。

白天工作，晚上加班，這絕對已經破壞了生活的平衡，你把工作變成了生活的全部。但事實上，工作只是生活的一部分。別覺得讓工作占用個人時間是一件很光榮的事，最好不要讓自己產生這種錯誤的自戀：別人都下班回家了，我還在工作，我比一般人都要勤奮努力……諸如此類，這樣的努力往往會縮小你發展的可能，因為你沒有多餘的精力再去探索工作之外的事情，而且，它也容易讓人上癮，讓人對「回家加班」產生依賴，白天在工作中沒有完成的事情，一想到還可以晚上回家做，效率就變差了，久而久之，白天和黑夜也混為一談了（圖 5-3）。

圖 5-3　白天黑夜，要有一條「分界線」

　　讓生活按照原來的步調走，維持原有的各種良好習慣。例如你有飯後散步半小時的習慣，即使你的人生場所從學校轉換到了公司，你的身份由學生切換到了職員，你的生活習慣還是可以繼續維持，該散步時就散步，該傳送郵件時就傳送郵件。如果你還對自己的興趣愛好感到一片迷茫，不知道該如何去適應自己社會角色發生轉變後的這段個人時光，那麼維持生活的常規行為就成了一種必要的做法，這樣可以增加自己的穩定感，幫助自己慢慢熟悉踏入職場後的新生活。

　　下班之後就不要再去參與工作，不把工作上的情緒帶回家。這並不是一件容易的事情。就像臉上黏了一粒米飯，你會忍不住把它清理乾淨；對於未完成或是完成得很糟糕的工作，你也總是忍不住想起。但是如果讓自己養成了回家加班的習慣，就會讓生活變成一團亂麻，也會削弱你白天工作時的鬥志。要承認自己的不完美，接

ㄟ！菜鳥仔
凱瑞你斜槓，開外掛，放大絕
|職|場|求|生|攻|略|

受自己的不足之處。白天努力工作，晚上自我放鬆。先按照自己的步調走，再慢慢尋求改變與突破，你總會找到適應的方法。時間是寶貴的，無論是不是在工作中。試著去尋找生活的熱情吧！運動、音樂、讀書、寫字⋯⋯在你的生活裡，還有許多比不停加班和漫無目的地滑手機更有趣的事情呢（圖 5-4）！

圖 5-4　珍惜自己的生活時光

5.1.2　再忙也別丟下手中的書

學習有兩種：第一種是自己被動接受的學習，就像學生時代老師的鞭策、家長的監督；第二種是自己不知道，但會去尋找答案。

同樣的知識用兩種不同的方法採納吸收，哪種效果會更好呢？答案是各有利弊。

脫離了學校的你，是不是認為學習也可以就此打住了呢？不

用再把分數當成自己的命根子了，不用再面對一大堆書本和考卷了，身後也沒有緊迫盯人的家長和老師了，但是在工作中遇到的問題都需要重新學習。學無止境，再忙碌也不能不讀書，讀書可以獲得新知識（圖 5-5）。

　　常有人說「或者旅行，或者讀書，身體和靈魂總有一個要在路上」。旅行對於工作時間較為固定的職場中人，並不是件容易的事情，但是讀書可以。每天投入三十分鐘，讓自己在書海中汲取靈魂的養分，養成這種好習慣，堅持下來，你會發現讀書是一種有回報的投資，你所獲得的也不僅是知識，還有一場心靈之旅（圖 5-6）。

圖 5-5　拿起書本學習吧

圖 5-6　讀書是另一種旅行

　　許多人一想到要讀書，往往就開始頭疼了，既覺得枯燥，又不知該從何處下手。

　　其實，此時的讀書已非「彼時」的讀書，不需要「國數英社自樣樣精通」。討厭文言文、不喜歡算數？那就不看！根據自己的愛好選擇書籍（當然這種愛好的前提是有意義的學習），先培養起自己的讀書興趣。

　　你可能覺得自己忙著工作、忙著生活，甚至忙著娛樂，已經很久沒有碰書本了，再嘗試閱讀，即使是自己感興趣的書籍，也專注不了幾分鐘。這很正常，因為比書本更有吸引力的東西實在太多了，所以在開始閱讀之前，你最好把手機關機，以避免受到這些3C 產品的干擾。

　　孩童第一次閱讀書面文字時，往往會將書裡的內容大聲朗讀出

來，雖然身為上班族的你可能覺得這種做法實在太像小學生了，但這無疑是一個有效的閱讀方法。

　　可以按照個人喜好替自己列一份讀書清單。書海茫茫，當你知道自己想要什麼時，要讀的書也會變得清晰明朗。勤做筆記對於閱讀也大有好處，在讀書過程中，把所閱書文中有價值的知識記錄下來，不但能夠加強記憶力、儲存資訊、累積豐富的資料、提高作文程度和言語表達的能力，而且讀書筆記也能展現讀者是否有所收穫。不論自己的看法正確與否、意見成熟與否，都記錄下來（圖5-7），時間一長，讀的書變多，總會有體會。日積月累，必然能夠迸發出知識的火花。

圖 5-7　筆記讓你抓住靈感

　　讀書並不是一件浪費腦細胞的事情，相反，大腦是喜歡思考的，越思考越靈光。而閱讀又分為看閒書和有效率地看書兩種：如

ㄟ！菜鳥仔
凱瑞你斜槓，開外掛，放大絕
|職|場|求|生|攻|略|

果你只是為了陶冶性情、打發時間，自然不必在意看一本書花了多少時間、用了什麼方法，隨心所欲地閱讀就行了；如果你帶著明確的目的去看書，例如要在一個月內學會說基本的英語，那麼讀書就要講究方法和效率了，需要控制好閱讀的速度，以及保證看合適的內容，這要怎麼做呢？

首先，光是看一本書就想在一個月內學好英語，這肯定是不可能的，一本書上的內容有限，而且也不一定所有的內容都對你有用，因此你需要多選擇幾本，內容最好不要相似。例如你買了一本主要講解英語文法的書，那麼與其類似的書就可以先忽略，接著去尋找英語詞彙等方面的書籍，盡量構成一套較為完整的閱讀體系。

選好書籍後，可以先瀏覽一遍所有書籍的目錄，挑出其中的重點和非重點，然後根據個人情況，替這些重點分配相應的閱讀時間，保證在一個月內可以有系統地掌握基礎的英語知識，至於那些非重點，如果時間不夠用，則可以省略掉。

由此也可以看出，閱讀不僅帶來了知識，還培養了你的思維方式。

讀書的方法不止這一種，你可以去探索適合自己的閱讀方式，透過學習和思考，體驗到讀書的樂趣，讓自己真正愛上閱讀（圖5-8）。

圖 5-8　尋找適合自己的閱讀方法

　　讀萬卷書，行萬里路。讀書可以幫助我們走進心靈文化的世界，旅行則幫助我們走進自然風俗的世界，二者相得益彰。許多人時常感嘆工作太枯燥、太疲憊，人際關係也是複雜又麻煩，卻寧願休息時「宅」在家裡，什麼也不做。這時不妨選一本自己感興趣的好書，用自己喜歡的閱讀方式，找一個安靜的地方，泡一壺好茶，坐在舒服的椅子上開始一段讀書的旅程，這未嘗不是一種舒服的享受。

　　學會享受讀書的過程，在讀書時找一個自己喜歡的環境，靜下心來沉澱自己，也會讓你愛上讀書（圖 5-9）！

圖 5-9　營造環境，幫助自己愛上閱讀！

　　看到這裡，想必你已經明白，培養自己愛看書的好習慣並不是一件難事。要是能與朋友分享閱讀感受會更好，前提是，閱讀不是讀給別人的，而是讓知識真正飛入你的腦海裡，與心靈產生碰撞或者共鳴。

　　人生有必讀的四本書：讀自己、讀別人、讀歷史、讀大自然。讀自己是了解自己存在的意義；讀別人是學會與其他人相處；讀歷史是縱觀人類的演變和進程；讀大自然是宏觀了解人類生存的環境。

　　每個人對於這必讀的四本書都有自己的看法，而你所感到迷茫的答案，也終將在書本裡找到。

5.1.3　健康飲食，別讓身體成為你的負擔

時代在變遷，隨著資訊大爆炸，飲食資訊也在快速傳播，各種食物應有盡有，酸甜苦辣口味俱全，許多人自詡為「吃貨」，經常在美食前流連忘返。

有一個健康的身體是工作的關鍵，攝取食物不僅僅是在維持生命、填飽肚子，還是在為身體補充營養和能量。因此，吃東西首先要講究新鮮和健康。「吃」這個看似普通得不能再普通的問題也大有學問（圖 5-10）。

圖 5-10　用瓜果蔬菜補充正能量

你還在混亂地搭配著自己的一日三餐嗎？ 一起來學著當一個真正的「吃貨」吧！

眾所周知，要保證健康的飲食，應該營養均衡、葷素搭配。合

ㄟ！菜鳥仔
凱瑞你斜槓，開外掛，放大絕
｜職｜場｜求｜生｜攻｜略｜

理營養是健康的物質基礎，而平衡膳食是合理營養的唯一途徑。於是有人提出了「食物金字塔」（圖5-11）——食物金字塔共分五層，包含了人們每天應攝取的主要食物種類。金字塔各層的位置和面積都不同，這也在一定程度上反映出各類食物在膳食中的地位和應占的比重。居底層的是五穀根莖類食物，例如米飯、麵條，每人每天應吃三百到五百公克；蔬菜和水果占據第二層，每天應各吃四百到五百公克和一百到兩百公克；蛋、豆、魚、肉類位於第三層，蛋、魚、肉類每天應吃一百二十五到兩百公克（紅肉應該是許多人的最愛，但是攝取過多會增加血脂，產生心血管疾病問題），豆類及豆製品五十公克；奶類占第四層，每天應吃奶類及奶製品一百公克；第五層塔尖是油脂類，每天不超過二十五公克。

圖 5-11　食物金字塔

　　食物金字塔是根據人類對食物的需求做出的較為合理的飲食搭配，雖說不用每天都精確到公克，但也需要按照該比例大致平衡自己的飲食，才能做到飲食健康、均衡。

　　飲食不光是保證營養均衡這一條就夠了，吃得過多會撐，吃得過少會餓，較為合理的進食量就是吃到「八分飽」，並且每餐盡量保證這一固定的量。如果有了上頓沒下頓，你這一頓吃得再好、再健康，你的身體也不會買帳的。因為工作繁忙等原因，你可能會早上十點才啃下一個麵包，然後中午十二點又開始吃午飯，這樣一來，你胃裡本身裝著的食物還沒有消化，又來了一大堆，消化不良等一系列問題也就隨之而來了。因此，要盡量固定你一日三餐的時間，並且合理控制好用餐時間的間距。

　　現任創新工廠執行長的李開復也是許多人所熟知的青年導師，他曾經是一個工作狂，忙的時候可以一連工作十幾個小時，對於吃的也不太在意，不僅吃飯時間不規律，吃的時候也很匆忙。一心投入到工作中去的李開復壓根沒有注意到自己身體的變化，直到二〇一三年九月被查出淋巴癌之後，他才意識到事情的嚴重性。在治療期間，他被迫停止了手邊的工作，大量縮減了自己的社交時間，從身體到內心，一切都讓他感到痛苦不已。他曾以為死神已經向他伸出了手，但命運最終還是眷顧了他，在家人的鼓勵和他積極的配合下，化療成功。

　　從死亡中獲得新生的李開復也寫下並出版了《我修的死亡學分》（天下文化，2019 年 4 月）（圖 5-12）。

圖 5-12　我修的死亡學分，對生命與健康的感悟

　　在疾病面前人人平等，你的健康由你自己決定。現在就從健康飲食開始做起吧！別讓身體成為你的負擔。

5.1.4　運動，為生活加點「猛料」

　　在人們的生活中，常常能聽到有的父母對不肯去運動或者溫書的孩子說這句話：「你會懶死！」雖然這句話聽著太偏激，但是，不運動的危害的確不能小覷（圖 5-13）。有研究論文顯示：缺乏運動造成的死亡率與吸菸一樣多，如果不運動的人們能動起來的話，每年有超過五百三十萬例死亡是可以避免的，而每年死於吸菸的人數也大約是五百萬！如果人們每週保持一百五十分鐘或更久的中等強度運動，那麼這些死亡應該是可以避免的。

圖 5-13　不運動？你可能就「癱」了

　　作為上班族的你，可能會覺得每天工作就已經很累了，哪裡還有精力去運動呢？而且，所在的城市周邊高樓大廈林立，空氣品質和綠化程度都很糟糕，哪裡還有心情去運動呢？

　　首先，運動不僅限於那些跑步、打籃球、游泳等被人熟知的項目，只要能夠舒展身體、達到一定活動量的，都可被稱為運動，例如快走、爬山，甚至做半小時家務等，從你下班之後，你的運動就可以開始了──只要住處與公司距離不遠，你就可以放棄大眾運輸工具，選擇快速步行回家，注意速度要比平時走路的速度快，並且保持勻速；家裡和公司距離較遠的通勤族，也可以選擇不跟人擠公車或捷運，而選擇騎腳踏車（圖 5-14），上班來回的途中就能進行鍛鍊了。當你運動完之後，往往不覺得很累，反而會變得精力充沛。像這樣「落後的」交通方式，既能滿足你的運動需求，也不會為剛開始工作的你造成太多的經濟負擔。

對於那些認為空氣、環境不好的人來說，也不能成為不運動的藉口。生命在於運動，而工作往往不能達到它的需求量，既然覺得戶外環境很糟糕，何不來點室內運動呢？

圖 5-14　騎腳踏車

買一根跳繩自己在家裡跳，或者根據自己的興趣愛好買其他的運動器材，例如啞鈴、瑜珈球等。運動貴在堅持，如果認為自己的運動意志太過薄弱，不妨去健身房辦一張會員卡，用金錢來勉勵自己（圖 5-15），同時在其中遇到和自己志同道合的朋友也可以互相鼓勵。不要小看朋友的力量，當你想偷懶的時候，友情的呼喚會比你自己和自己的意志力抗爭更有效。

圖 5-15　健身房

　　要想運動，總會有其途徑的，甚至平常的逛街也可以成為運動的方式。運動具有調節人體緊張情緒的作用，能改善生理和心理狀態，恢復體力和精力，保持身體健康。一個熱愛運動的人始終會對生活和工作抱有期待，同時也會獲得更多的創造力，他的工作狀態自然也不會太差。生命不息，運動不止，現在就開始行動吧！

5.1.5　別讓韶光在夢中消逝

　　光陰易逝，美好的時光更是如此。在工作的時候，許多人都盼著週休二日的到來，可是當難得的休息日真正來臨的時候，卻又讓這大好的時光在睡懶覺中白白流走了。完成了一週的工作之後，確實應該好好放鬆一下，但過度的休息並不會為人帶來放鬆的感覺，相反，還會讓人感到更加疲憊。

　　相信喜歡睡懶覺的人一定有過這種感受：當一天睡到太陽晒屁股了才艱難地從床上爬起來時，會感到頭暈目眩，腦袋瓜昏昏沉沉，整個人脫水似的有氣無力。這種情況可能只會出現幾分鐘，也有可能會一直持續到你開始晚餐，但是美好的一天，無疑就這樣被「賴床」給摧毀了。

　　想一想你的週休二日是怎麼度過的？ 如果覺得無聊又沒有意義，是時候替自己找點事情做了（圖5-16）。

圖 5-16　你還在用睡懶覺的方式放鬆自己嗎？

　　假日可以約幾個朋友一起去逛街。因為平時忙著工作和生活，相聚的時間必然不多，自己也很少有出去轉轉的機會，所以，何不趁著這兩天，和朋友一起去街上走走逛逛。有需要買的東西，可以提前寫一張購物清單，即使沒有可買的，也可以了解一些市面上的新品，感受居住環境和人文的變化，或者單純地和朋友說話聊天、談一談彼此的工作，這樣也可以沖淡自身累積的一些壓力。

假日也可以去探望一下父母和家人。別總覺得自己很忙沒時間，利用週末的時間，完全可以去探望家人（圖 5-17）。如果相隔距離較遠，不想花太多時間金錢在交通上，也可以互相通個電話。父母年紀大時，最希望的就是家人齊聚一堂的歡樂，可是身為子女，往往容易忽略這一點，以為給父母錢，讓他們不愁吃不愁喝就盡了孝道，卻忽視了父母精神上的需求。與家人溝通並不是一項每週例行的任務，當你發自內心地想和你的父母聊聊天、想傾聽他們的嘮叨時，你就懂得了陪伴的意義，你會發現：給予是一件很幸福的事情。

圖 5-17　別總惦記著忙碌，有空常回家看看

在條件允許的情況下，還可以去泡一泡圖書館，或坐在咖啡廳裡度過一個陽光明媚的午後，這也是現在許多文藝小資青年相對熱衷的選擇（圖 5-18）。無論是安靜地坐在角落裡思考人生，還是主動去認識陌生人，都可以豐富自己的生活。人生要有一點目標，不

ㄟ！菜鳥仔
凱瑞你斜槓，開外掛，放大絕
｜職｜場｜求｜生｜攻｜略｜

管你選擇用怎樣的方式度過你的週末，都不要浪費這些美好的時光。

現在許多都市的一些中、大型廣場，每逢週末，會舉辦各類活動，如商業演出、音樂會、宣傳活動等，去感受、去和人們互動也是一種對生活的挑戰，因此，除了躺在床上睡覺，你還可以做許多事情呢！

圖 5-18　咖啡，沖泡一杯美好時光

5.1.6　發展多方面興趣，做好自我投資

生活充滿了無數種可能性，性格再冷漠的人，也總有一兩樣東西會引起他的注意力，這便成了興趣的源頭。

俗話說「興趣是最好的老師」，一塊普通石頭，經過你的好奇探索，可以變出許多新花樣，例如找出這塊石頭中包含哪些物質、

這些物質來自哪裡、它們又是如何構成這塊石頭的……日常生活中那些似乎已經失去生命力的桌椅、紙筆等物品，經過興趣的洗滌，都可以變成無數個具有鮮活生命力的東西，而你在探索這些事物的過程中，也處於一種自我完善的過程裡。

首先，興趣愛好要和娛樂區分開來（圖5-19），像滑 FB、聊 LINE、看網路小說，這些通常只能算是娛樂，並不能幫助你完善自我，但是興趣可以從娛樂中培養出來，例如你喜歡看網路小說，有沒有想過自己也來寫一些故事呢？ 你玩遊戲玩到無可自拔，有沒有想過自己也來設計一款遊戲呢？（當然這有點難度，可以換個角度想想，這款遊戲的畫面感、色彩感如何？ 我有沒有可能把這些色彩、形狀運用到其他方面？）

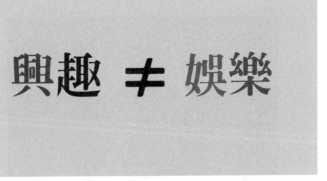

圖 5-19　興趣並非娛樂

如果找不到自己的興趣愛好，不妨先從自己比較感興趣的事情開始思考，當你有了一個切入的點後，便有了延伸的方向。你喜歡

へ！菜鳥仔
凱瑞你斜槓，開外掛，放大絕
|職|場|求|生|攻|略|

的娛樂有幾種方式，你的興趣愛好就有幾種可能。

有個人想要挖一口井，他挖了十幾處地方都沒有看見有水溢出來，一無所獲的他覺得這塊土地之下根本就沒有水，於是氣急敗壞地走了。其實，他只要再往下挖深幾公分，就能夠找到汩汩的源泉了。

興趣愛好也是這樣，一旦確定了就不要半途而廢，應該培養一種穩定、持久的興趣愛好（圖 5-20）。

發展自己的興趣愛好其實就是在做一種自我投資，而發掘自己興趣愛好的方式有很多，例如你喜歡彈鋼琴，卻沒有經過專業培訓，也沒有那麼多時間去參加才藝班，那麼可以買幾本相關的書來補充自己的知識，或上網看 YouTube 教學，以及購買相關的教程也可以。

圖 5-20　已經確定的路就堅持走下去

　　其實，對於興趣愛好，也不一定非要達到專業水準，既然是興趣愛好，它必然源自你自身的期盼，不管你學得好與不好，專業與不專業，能在學習的過程中產生樂趣，就是你最大的收穫。

　　對於你的興趣愛好，最好能放寬心態，不一定做得最優秀，只要能全身心投入其中就行。良好的心態，對於能堅持下來也很有益處。

　　可以加入同類圈子，讓你個人的興趣愛好有一個「棲身之地」。常言道「酒逢知己千杯少，話不投機半句多」，與一個志趣相投的人走在一起，往往能有更多的話題，也更容易互相欣賞，對方的一些行為可能對你有諸多影響，在一起的時間久了，他的興趣也就成了你的興趣了（圖 5-21）。

圖 5-21　找到有共同興趣的交友圈

ㄟ！菜鳥仔
凱瑞你斜槓，開外掛，放大絕
｜職｜場｜求｜生｜攻｜略｜

對自己的興趣愛好感到迷茫很正常；當你好不容易找到一個興趣愛好並去實踐時，發現自己並不適合也很正常。在這種對自己一無所知、感覺自己一無是處的時候，人們很容易陷入困境，失去耐心，但是機遇偏偏就喜歡停在這種轉角中，當你靜下心來仔細思考、用心尋找時，就很容易和你的興趣愛好不期而遇，找到那條屬於自己的道路。

5.1.7　每天花十分鐘與自己「交流」

你喜歡忙碌也好，喜歡悠閒也罷，一天下來總會有些收穫。怎樣知道自己的收穫呢？最好的辦法就是「吾日三省吾身」。自我反思是一面鏡子，隨著你越來越透澈地自我反省，它的鏡面也越來越清晰光亮。

人們選擇做一件事，通常有其目的性，也就是要有所謂的「好處」，而自我反思所能帶來的好處遠不止是充當一面普通鏡子，它除了照到你的外在，還直達你的內心。「走著走著就忘了自己的模樣」，這就是一種失去自我的感覺，當個人阻礙了與自己的心靈溝通時，感到迷失和徬徨也就是一件十分平常的事情了（圖 5-22）。

圖 5-22　對自己感到困擾？
要學會自我反思

290

　　自我反思的方法有很多種。它不是面壁思過。開始自我反思必然需要主動性，是一種自己想要認識自己的狀態。例如在寫日記的時候展現出來。

　　寫日記是個人回顧今天的事情和經歷時的想法及狀態的紀錄。在寫日記的時候，你就會參與到自我交流的過程中，但想要更加深刻地認識自己、與更深層次的自己對話，寫日記可能還不足以滿足這一需求。寫日記不光是在回憶你自己，還包括了回憶身邊的人、場景、事物等，參與者如果太多，分散你注意力的因素也就多了，如此，就很難達到更深層次的交流。有一個方法可以很好地幫你完成這一任務。

　　冥想（圖 5-23），就是讓自己處在一種完全的感知狀態。

圖 5-23　冥想

　　神經科學家發現，如果你經常讓大腦冥想，它不僅會變得擅長冥想，還會提升你的自制力、專注力、自我認知力，管理壓力、克制衝動等等。冥想基本上不需要耗費你的資金，但是需要個人全身心地投入。生命在呼吸之間，冥想則可以從最簡單的深呼吸開始：找一個安靜的地方，關閉手機、關閉其他干擾，端正坐姿，調整自己的呼吸，讓它逐漸變得深遠悠長。當你靜下心來的時候，你的腦袋裡會冒出許多稀奇古怪的想法，也許善良美好、也許離奇而不可思議，又或許散發著邪惡的戾氣。你所要做的，就是任由這些想法在腦海中肆意橫行，不去刻意干涉，繼續專注於自己的呼吸。

　　當你已經開始了深呼吸之後，保持這種頻率，開始有意識地引導自己的思想。你可以在腦海中想像自己正處於你認為最舒適的地方，這時想像力的大門已經向你敞開了，或許正漂浮在波光粼粼的湖面上，天空澄淨，空氣微涼，而你可以在這片想像的自由空間裡隨心舒展自己，你的內心正向世界打開。在專注於想像的時候，盡可能打開你的感官知覺，讓你的眼、鼻、口、耳、皮膚，都處在一種感知狀態中。冥想的時間可長達幾小時，也可以短至幾分鐘，時間越長，自我交流也會更加深入，當然，還是要根據你的個人時間而定。

　　冥想的方式不僅限於這一種，但目的都是為了幫助自我交流，你會發現，透過簡單的練習，能夠告別負面情緒，重新掌控生活。

　　學會跟自己對話，不是自言自語、自說自話，更不是一種看起來有病的行為，它是你作為個體，深入地與自己做著一種帶有思考

與尊重的交談。

在人們的心理活動中，除了認知得到的意識，還有人們不曾察覺的潛意識，潛意識裡裝著個人自以為已經遺忘的事情、被壓抑的情緒等等，心理學中有一個著名的「冰山理論」，如果將人類的整個意識比喻成一座冰山，那麼浮出水面的部分就是屬於顯意識的範圍，約占意識的百分之五，而百分之九十五隱藏在冰山底下的意識，就是屬於潛意識的力量（圖 5-24）。

圖 5-24　意識和潛意識的對比

自我反思、自我交流的意義正是源於此，深入到自己的潛意識中，可以發現自己、了解自己、完善自己。

5.1.8　再累，也別忘了曾經的夢想

「夢想」這個詞，在你經歷了繁忙的工作與生活壓力之後，是不是已經開始褪色，甚至已經消失了呢？ 有自己的夢想是一件很

幸福的事，要知道，這個世界上還有許許多多的人處在迷茫中，許多人忙碌了一生，卻依然不知道自己為了什麼而奮鬥，工作之外的精力全被吃飯穿衣這類平常瑣事奪去了，即使偶爾想起自己曾經的夢想，也只餘下一聲嘆息。

夢想可以是你從小立下的偉大志向，也可以是你偶然產生的小小心願（圖 5-25），在你感到疲憊時，不妨想一想：你曾經最想要做的是什麼？

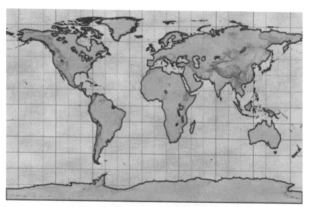

圖 5-25　夢想可以是環遊世界

夢想對於個人而言，意味著希望和信仰，它可以成為你前進的動力和堅持下來的決心。司馬遷遵從父親遺囑，立志要寫成一部能夠「藏之名山，傳之後人」的史書，就在他著手寫這部史書的第七年，發生了李陵案。將軍李陵同匈奴的一次戰爭中，因寡不敵眾戰敗投降，司馬遷為李陵辯白，卻觸怒了漢武帝，被捕入獄，遭受了殘酷的宮刑。受刑之後的司馬遷，因屈辱和痛苦，原本打算自殺，

可想到自己寫史書的理想尚未完成，於是忍辱負重，前後共歷時十八年，寫成了《史記》。這部偉大著作共五十二萬六千五百字，開創了中國紀傳體通史的先河。魯迅曾以概括的語言高度評價《史記》：「史家之絕唱，無韻之離騷」。

　　追夢無疑是一件美好的事情，但是，不切實際的夢想就是幻想。萊特兄弟有一個飛翔的夢，於是他們發明了飛機，如果他們當時只是一心想在自己身上長出一對翅膀，不去鑽研力學、風學，進行一次又一次的飛行實驗，那麼他們可能只會成為不錯的童話故事作家，而不會實現他們在天空中翱翔的夢（圖5-26）。追夢的腳步並不全是一帆風順的，可能會將你打擊得體無完膚，讓你覺得心灰意冷，因此，要做好有可能失敗的準備。這個世界上擁有夢想的人數以億計，可是真正成功的人卻寥寥無幾。而夢想也正是因為有這種冒險的因子，才更加吸引人。只要做好了失敗的準備，即使最後輸得狼狽，你也可以釋然一笑，從容不迫地繼續走下去。

ㄟ！菜鳥仔
凱瑞你斜槓，開外掛，放大絕
職｜場｜求｜生｜攻｜略

圖 5-26　萊特兄弟發明了飛機

　　每天高喊著「I have a dream ！」卻不去付諸行動的人，夢想終將一場空，就好像對著桌子上的蘋果說：「我要吃了你。」然後就靜靜地坐在那裡發呆，蘋果當然不會長出一雙腳，跑去把自己清洗乾淨然後削好皮送到你的嘴邊。

　　在「拿出行動」這件事情上，「凡事要趁早」自有它的一番道理，雖說夢想從什麼時候開始都不晚，但是，當你年過半百，才想起要去完成企業家的夢時，儘管這時你已經累積了大量的資金和人脈，有了豐富的經驗，創業成功的機率也比當年初出茅廬的自己大得多，你還是會很遺憾沒有早點開始，沒有在最富有熱情和鬥志的時候放手拚搏。

　　看到這裡，你就需要再次思考一遍自己追求夢想的目的了。在你的心裡，是結果重要還是過程重要呢？ 在無法確定兩者兼得的情況下，必然要做出選擇。當下做出割捨雖然不易，卻很有必要，它能最大化地減少你未來的遺憾（圖 5-27）。

圖 5-27　飛出夢想的「紙飛機」

　　如果每天早上叫醒你的不再是鬧鐘，而是夢想，你的人生一定會很精彩！

5.2　職場加油站

　　《羅馬假期》裡的安公主到羅馬進行國事訪問，但她已經厭倦了那些繁文縟節。一天晚上，她決定逃出這個職務的禁錮，去盡情地當一個平凡了、做自己想做的事情。她剪了清爽的短髮，替自己買了一支冰淇淋，去參加舞會，她遇見了報社記者喬伊，兩人把手同遊，十分快樂，也因此產生了一段意外而美麗的緣分。當這個短暫浪漫的假期結束後，安公主又重回了大使館，擔起屬於她的公主責任。公主的這次「出逃行動」背後隱藏著的正是她由於「職務」而被壓制的個人自由和願望。當她放鬆了自己之後，反而更能體驗

ㄟ！菜鳥仔
凱瑞你斜槓，開外掛，放大絕
｜職｜場｜求｜生｜攻｜略｜

到自己的責任，意識到自己需要承擔的事情。

　　每個人不可能一直生活在工作中，學會調節自己也是完善自我的一部分（圖 5-28）。職場新人剛剛步入工作，往往不懂得拿捏工作中的分寸，一味地加班還是無法提升效率，各式各樣的突發狀況讓他們叫苦連天。那麼，面對工作和生活的「壓力山大」，要如何來平衡、取捨？個人要怎麼在工作之餘替自己增添一抹生活的色彩？

圖 5-28　找到自己的合理調節方法

5.2.1　壓力山大！快「鬆綁」你的心

　　生活中，許多壓力往往源於自己。壓力是生活中不可分割的一部分。人的壓力來自很多方面：感情上、工作上、學習上……這些來自四面八方的壓力，其實有很大一部分完全是自己造成的，因為個人沒有正確地評價自己，從而帶來了許多困擾。

感覺被壓力捆綁著？ 那就學著鬆綁自己吧（圖 5-29）！

圖 5-29　壓力面前，要學會鬆綁自己

當壓力來襲，就盤腿坐下來，不去胡思亂想，清空腦中所有雜念，閉上眼睛慢慢安靜下來。這是一種平穩的緩解壓力的方法。再次睜開眼睛之後，雖不能清除所有的壓力，但隨著時間的推移，壓力將逐漸淡下去，直至消失。佛教的打坐是為凝聚心神，參究真理，此即所謂的「明心見性、解脫自在」。這與冥想方法有些類似，但又有其不同之處，至於個人，則可以根據自己的喜好來選擇相應的解壓方法。

既然壓力多來源於自身，就要正確分析並認識自己的能力。不高估自己，也不低估自己，給自己一個客觀合理的評價；做自己能做的事情，不把自己局限在高要求的框架中，免得它們在壓力的推動下讓你「變形」（圖 5-30）。

ㄟ！菜鳥仔
凱瑞你斜槓，開外掛，放大絕
｜職｜場｜求｜生｜攻｜略｜

圖 5-30　壓力讓你變形了嗎？

　　在與人交往的時候，有些矛盾是由自己不好的性格引起的，所以也要意識到自己的缺點，改掉一些壞毛病。不過，是人總會有缺點，用不著強求自己事事達到完美。

　　現在比較流行自嘲，以前人們面對自己的不足之處，習慣統統藏起來，習慣拚命遮掩住，一旦被別人發現或者揭穿是很丟臉的事情，隨著社會發展越來越多元化，在越來越多新事物的不斷衝擊和影響下，一些新奇活躍的想法開始頻頻頂撞固步自封的傳統思維，人們有了新的想法：既然缺點無法掩蓋，與其被別人說出來讓自己尷尬，還不如主動大方一點，先人一步幽默地承認下來，這比總是維持一副良好形象輕鬆多了，於是自嘲反倒變成了人們紓壓的好方法。

　　在快節奏的生活影響下，每個人的時間都像坐上了火箭，這也是產生壓力的重要因素之一。要有意識地放慢生活節奏，甚至可以把無所事事的時間也安排進日程表中。要明白悠閒並不等於無聊，

兩者的心境不同，一個恬淡，一個枯燥。古人云：「隨遇而安。」面對生老病死、天災人禍等各式各樣的負面生活事件，以一顆隨遇而安的心去對待它們，不去揪住痛苦不放，可以使你減少許多不必要的痛苦。除此之外，養成生活中的好習慣，例如按時睡覺、按時起床，可以從根本上減少壓力的來源，還為自己塑造一片寧靜、美好的心靈天地。

5.2.2　心態陽光，拒絕當職場「雙面人」

有人工作時可以對客戶笑臉相迎、對同事以禮相待，看起來溫和有加，而一回到家，卻完全變了樣子，對待家人色厲內荏、自己也無精打采。「職場雙面人」就是說的這種狀況。這種現象如果得不到正確的疏導、個人的及時開解，時間一長，將有可能演變成心理疾病，例如躁鬱症、焦慮症等，情況嚴重的，還可能導致憂鬱症，為工作和生活帶來嚴重影響（圖 5-31）。

圖 5-31　職場雙面人，該怎麼辦？

　　F 是一名房屋仲介，在這個行業中，公司只給很少的底薪，收入主要靠傭金抽成。「客戶是上帝」，為了拉到客戶，F 對每位顧客都笑臉相迎，有時因為買賣雙方銜接不好，都朝他發火，他也要賠上笑臉；有時付出了許多努力，結果買賣雙方「棄單」，自己幾個月的忙碌就這樣付諸東流，除此之外，還要不斷打電話挖掘「潛在」客戶，碰得一鼻子灰時，自己還不能生氣。F 在工作中受盡委屈，回到家中，他常常是直接往沙發上一靠，便懶得動彈。經常心情煩躁的 F 逐漸變得衝動、易怒，一點點小事都能勾起他的無端怒火。父母有時過問他工作的事，他也會無緣無故地大發雷霆，結果常常鬧得一家人不愉快（圖 5-32）。F 知道自己這樣對家人不好，時常後悔，卻又無法改變自己的行為。

圖 5-32　職場雙面人，擁有一種「破壞力」

　　F 只是當今現實社會中職場族群的小小縮影，有很多人在工作中必須繃緊神經，在精神高度緊張的狀態下應對工作，以滿足職場中的角色要求，可以說，在工作中展現出來的是社會中的自己，而壓抑了那個本身的自己。很多時候，內心很憤怒，但表面上不能表現出來，而那些被忽略掉的、被壓抑的情緒都去哪裡了呢？

　　身體是很關心自己的，它知道不能一直讓這樣的負面情緒干擾你，你若不及時排解掉這些負面情緒，它就會把這些負面情緒嵌入潛意識裡，你察覺不到它的存在了，但是它依舊堆積在你的身體裡，伺機出動，進行破壞。這也能夠解釋為什麼職場雙面人會在工作和生活中完全變成兩個樣子。而他們在大發一頓脾氣之後，往往不會大呼暢快，反而會懊惱自己方才的衝動。不想當職場雙面人，就得為自己培養一個積極陽光的正向心態（圖 5-33）。

圖 5-33　讓陽光透射進來

ㄟ！菜鳥仔
凱瑞你斜槓，開外掛，放大絕
｜職｜場｜求｜生｜攻｜略｜

　　一個空氣不流通的房間，時間久了就會聚集大量的溼氣和有害氣體，存放在其中的一些家具物品也極容易發霉；人也是這樣，不是悶在辦公桌前就是悶在家中的臥房，每天就家裡、公司來回跑，過著單調的兩點一線的生活，這樣很容易憋出各種疾病。你偶爾也需要轉換一下生活的「口味」，放自己出去透透氣。想要擁有陽光的心態，就先走出家門擁抱陽光，吸收一些健康因子來對抗體內的負面情緒。心情不好的時候就找一家店，以一頓豐盛的大餐慰勞自己，或者去公園裡散一下步，從生活中尋找靈感。走走停停，才是一種恰到好處的生活方式。

　　除了職場中的人際圈，在生活中，你也會有自己親密的朋友，而與人傾訴是一種再常見不過的排遣負面情緒的方式，當你和朋友走在一起時，你內心的孤獨感也會消散許多（圖 5-34）。傾訴雖好，但也應注意不要把過多的負面情緒傳遞給他人，不要讓朋友變成了你的心情垃圾桶。

圖 5-34　感受和朋友在一起的時光

生活中還有許多有趣的事物，在條件允許的情況下，可以養一些花草植物、小貓小狗，讓這些自然生命陪著你，打開內心那扇封閉的窗戶。

遊戲其實也可以激發你的陽光心態，只要能把握娛樂的節奏，選擇適合的遊戲，投入適當的時間、精力即可。在《植物大戰殭屍》（Plants vs. Zombies）這款小遊戲中有一種植物——向日葵，它專門生產陽光，在遊戲中沒有任何攻擊和防禦能力，卻還是廣受玩家喜愛，這其中也不難看出人們一種潛移默化的心態：喜歡接近一些正向美好的事物。

如果對植物、寵物、遊戲都不感興趣，那你還可以培養個人的興趣愛好。總之，應該多多在生活中尋找一些可以為你帶來生命力與活力的事物，多給自己一些正向的感受和體驗。

職場壓力是造成職場雙面人的重要原因之一，因此，最重要的一點還是正確認識自身的能力，能夠清楚自己的優劣，並明確自己的職場定位，讓不良情緒透過正確的途徑得到釋放，這樣也有助於最大限度地提升工作的滿足感和成就感。

不想當職場「雙面人」？那就盡快想辦法改變自己吧！

5.2.3 取捨得當，實現生活與工作的「雙贏」

邁入職場後，你是否感到自己受到了工作與生活的雙重擠壓？一邊忙著工作中大大小小的任務，一邊又要處理生活中那些突發或是繁瑣的事件，經常顧及這裡又疏忽了那裡，於是有人乾脆一頭栽

ㄟ！菜鳥仔
凱瑞你斜槓，開外掛，放大絕
│職│場│求│生│攻│略│

在工作裡，為了工作擠掉自己的休息時間；也有人乾脆放棄工作，沉醉在生活的燈紅酒綠裡。

工作壓力大、生活瑣事多，但誰說工作和生活就不能兼顧呢（圖 5-35）？

圖 5-35　平衡你的工作與生活

如果工作與生活兩邊的事情都很多，那就維持平衡，先做完兩邊重要的事情。例如你一天的工作中有三件事：完成工作文案、回覆客戶郵件、修改文案；你的生活中也有三件事：購買日用品、去機場接朋友、整理房間。可以根據實際情況將這兩邊的事情按重要等級排序，然後逐一完成。如果工作時間結束，而你還有一半的文案沒有修改完成，這時應該把它帶回家繼續修改嗎？不！你最好拒絕這種會讓你上癮的依賴和拖延心理，回到你的生活中，著手處

理生活中的重要事件。在接機回來的路上，可以順便將日用品一起購買好，盡量把能夠合併的事情合併在一起，這樣也節省了你的時間和精力。

除了平衡工作與生活，你的工作也需要平衡。工作的八小時應做好壓力管理，例如最多用四小時做自己感到有壓力的事情，而另外的四小時用來完成沒有壓力的工作，要知道人是不適合一直處在高壓之下的。

生活處處都要面對取捨的難題。非洲大陸上的斑馬在采采蠅和獅子的分岔路口選擇面對獅子，從而開始了進化，事實證明，牠果然如願以償地擺脫了采采蠅的干擾，而獅子的危險通常是可以被預知的，所以斑馬的數量也逐漸變多。斑馬學會了取捨，牠取了對付采采蠅的好處，捨了對付獅子的好處，從而獲得了更多生機。

在你的工作與生活中，捨棄毫無意義地重複滑 FB、拍限時動態而選擇做一些有趣的事情，時間沉澱後，你也會獲得一個優秀而獨特的自己。

當李白醉臥於華清池的台階時，榮耀、帝王的恩寵將他包圍，他陶醉過、心動過，然而他明白，這不是他的選擇。

於是，他大呼一聲：「安能摧眉折腰事權貴，使我不得開心顏！」便毅然邁出官場，走向自由，從此放白鹿於青崖之間，把酒問月，吟詩作賦，讓中國文化裡的一顆耀眼明珠冉冉升起。

正確的取捨讓李白找到了屬於自己的自由，更為後世留下了一筆珍貴而燦爛的文化財富。你可能會想，如果李白當初沒有離開政

壇，說不定也會成為政治歷史上一名舉足輕重的大人物啊！的確有這種可能，但這其中就彰顯出取捨（圖 5-36）的力量了。若李白選擇了官場，沒了那些閒雲野鶴般遊山玩水的時光，必然無法翻開詩人道路上的華麗篇章。

取捨有道是一種人生的大智慧，在該捨棄的時候如果難以捨棄，在該獲得的時候當然也就無法獲得。你的雙手只放得下你承受範圍內的東西，當雙手捧滿了東西時，即使沿途遇見的東西再好，你也裝不下了。及時捨棄，保證你的雙手還有一些空間，就能收獲那些更具有價值的事物。

圖 5-36　捨得，是一種生命的平衡

在你的工作和生活中，也要透過適當取捨，才能保證兩端的平衡，達到工作與生活的雙贏。

第六章　月光族？NO！

　　金錢，是人們經常要面對的問題，可以說，人們每天都在和錢打交道。初入職場的上班族，撇開家庭環境等因素，作為社會上已經獨立的一份子，不僅是掙錢，也需要著手累積財富。

　　很多人月初發薪水的時候吃山珍海味，月中的時候吃普通飯菜，到了月末，每餐每頓卻成了「紅燒牛肉、香菇燉雞、鮮蝦魚板等各種口味──的泡麵」。

　　月初是「好野人」，月末就成了「窮光蛋」，許多職場新人一不注意就會落入「月光族」的陷阱。錢到用時方恨少，拒絕當月光族、拒絕揮霍無度，學會合理消費，成為一個既會賺錢又會用錢的理財小能手吧！

6.1　消費有度，餘額不多也要勤打理

錢少還能怎麼打理？賺錢就是用來花的，存著做什麼呢？反正我現在也賺不到什麼錢，不如全都花了……這些聲音中也包括你在內嗎？

作為一名職場新人，剛入公司薪資不高很正常，可是因為所剩的錢不多就疏於管理，讓自己養成大肆揮霍的習慣，到了往後，即使薪資得到了大幅提升，你還是會覺得每月的錢都不夠花。何不從現在起就培養合理的消費習慣，學會辨識生活中常見的非理性消費，為自己建立一個理財帳本，讓所剩不多的薪水也成為你的財富儲蓄吧（圖 6-1）！

圖 6-1　合理消費，打理自己的「金算盤」

6.1.1 警惕生活中的非理智性消費

本來只想要買一個收納櫃，沒想到除了收納櫃，又帶回來一大堆東西，各種零食、日用品、化妝品、鍋碗瓢盆……全都跟著你回家了？回頭看一眼自己的「戰利品」，還不清楚購物途中到底發生了什麼事情。

在日常的生活消費中，有許多「迷之因素」會造成你的非理性消費，不想讓你的荷包一夜之間就瘦了？那就來學著分辨生活中那些常見的非理性消費的漏洞吧（圖 6-2）！

圖 6-2 拒絕買買買，不當剁手黨

不買自己不需要的東西，不論你所看到的那個東西有多便宜，只要不是你需要的，那麼你買回來就是浪費。例如店裡的繪畫套組首次打五折啦，這實在令人心動，因為它的價格變得非常便宜，買到就等於賺到！但是，你並不會繪畫，過去也沒想過要學畫畫，

僅僅是因為這套繪畫用具物超所值就決定買下它，這就成了一種非理性消費。你或許會想，可以先買回去，等有時間了再學，反正放在家裡又沒有什麼壞處。然而事實證明，這種想法通常會變成一個拖延的藉口：因為你總覺得以後有時間學、這一物品總會用得上，所以這一時間也被你無限延長。一旦你讓自己養成了這種習慣，看到便宜的東西就出手，到最後，你的房間就會堆滿了不需要的物品，會為你日後的整理帶來各種麻煩。

　　看見什麼都想買，於是錢花著花著就用光了，很多時候以為得到了就會滿足，不曾想，不需要的東西累積得越多，內心就會越沉重，就像過多的營養反而會轉化為身體的負擔。看到便宜的東西會心動很正常，這個時候，你需要壓抑內心的小激動和各種衝動，冷靜下來問自己一遍：這件物品真的需要嗎？我以後真的會使用它嗎？在真正需要一件物品的時候再去買，因為你需要，它就值得（圖6-3）。當然，在需要的時候買到價格划算的東西是最好的，先保證一件物品有它的作用，再去想「節省」這個問題，這才是一種理性消費。

圖6-3　購買自己需要的物品

　　不要在情緒起伏過大的時候去消費。生活在這個快節奏的時代中，在工作和生活雙重壓力的逼迫下，購物成了許多人釋放壓力的出口，許多人都抱持著「我賺錢這麼辛苦，當然要買點好的東西來慰勞自己」的心態，當然，這種想法本身沒有太大問題，重點是，當你因一時衝動而瘋狂購物，你的「慰勞」就會變成將來囊中羞澀時的後悔（圖6-4）。

圖6-4　穩定情緒，不當衝動的消費者

　　衝動是魔鬼，當你讓身體裡的這隻魔鬼主宰了你的思維時，購物往往就會變成一場「燒錢行動」，那隻衝動的魔鬼可不會管你賺錢有多麼不容易，它的任務只有一個，就是發洩你的情緒，讓你心理平衡。冷靜下來後你會發現，在衝動之下消費，帶回家的東西大多是你用不著的，而且價格往往讓你感到貴得離譜。

　　除了平時做好自身防禦，拒絕非理性消費，還要防止那些意圖搶走你錢財的「外來攻擊」。我們的生活中充斥著許多詐騙消費，

不僅詐騙的花樣層出不窮，詐騙手段也在不斷加速進化，如簡訊詐騙、FB詐騙的案例比比皆是，通常是匯款了，卻什麼也沒得到。因此，應盡量選擇有信譽的商家來消費，及時關注一些新型詐騙消費的案例報導，做到有備無患，最重要的還是自身樹立一個正確的消費觀念，天下沒有不勞而獲的事情，減少那些貪小便宜的欲望，不讓詐騙集團有可乘之機！

人類透過不斷進化變成現在能夠直立行走的模樣，卻還是帶著數千年前的「遠古大腦」，任何風吹草動都能引起我們的警惕性。然而現在的生活方式和以前的「原始社會」有了天翻地覆的區別，你的大腦不再需要擔心片刻的停留是否會為自己招來災難。但是，當你走在街上，各式各樣經過商家精心策劃、包裝的商品喧囂奪目、爭先恐後地企圖引起你的注意力時，就更需要「理性分析，合理消費」了（圖6-5）。如此，才能讓錢包從容不迫地「呼吸」。

圖6-5　消費有度，理性購物

314

6.1.2　做到每筆開銷都有「記」可循

　　你想知道自己的錢都花到哪裡去了嗎？你想知道自己更常花錢在什麼地方嗎？一直花錢如流水卻不知道財富都流去了哪裡，沒有計畫地花錢會讓手頭的資金流失得更快，也很容易盲目消費。想了解自己的花錢習慣和支出結構，以期更好地管理資金，就學會記錄日常開銷吧！

　　生活中有很多地方需要花錢，記錄自己的消費就要先將消費產品做好分類，例如在記帳本中設置伙食費、日用品費、交通費等等，每產生一筆支出，就將相應的消費產品填寫進去。一些大型超市會將同類產品集中劃分到一個區域，你可以在食品區找到喜歡的零食，在生鮮水果區選購愛吃的瓜果。將消費產品做分類，為的是讓人們更方便地尋找和比較。在記帳中也是如此，有清晰的分類，可以讓你更為直觀地了解自己的消費狀況。

　　除了記下支出，你也可以把收入寫下來，形成明顯的對比。有進有出，讓你的資金在記帳本上流動。當你一目了然地看到自己的收入和支出時，就能對自己的錢財狀況有一個大致的了解。看到自己收入大於支出，也就意味著你可以開始儲蓄；看到自己入不敷出時，就知道該控制消費了，這樣既能激發你賺錢的動力，也能成為你省錢的動力。

　　堅持記錄自己每天的消費，在月底進行一次彙總。這一步很重要，記帳的目的不在於按部就班地記錄消費情況，而是透過紀錄，發現自己的消費模式有值得改進、完善之處。學生時代抄過人家作

業答案的人都知道，一味地抄寫就像一個知識的搬運工，把知識從一個地方複製到另一個地方，沒有經過大腦思考，即使下次再遇到同樣的問題，依然無法作答。在記帳中，彙總、統計每月消費就是幫助你完成思考的那一步，例如你經過統計之後，發現這個月在買衣服的費用上遠遠高出其他項目，並且讓你產生了經濟危機，那麼你就可以在下個月著重規劃服裝類消費，把消費金額控制在使用範圍內。

記帳工具除了可以使用帳本，也可以利用電腦軟體，例如Excel，自己在裡面做一份表單，記帳十分方便。透過記帳，你能了解自己的財務狀況，做出合理的財務規劃，最大限度地提升財富的使用效率，這種看似被動的方法，其實還有一個幫你省錢的好處——少花錢就可以少記帳！

有些人會覺得記帳很麻煩，把生活中的每一樣開銷都寫上也是一件令人崩潰的事情，例如今天因故外出多花了三十元交通費、一條口香糖十二元，甚至連買了幾包衛生紙也要寫上，這可能會讓人感到煩躁，而且記帳一旦被中斷，也極有可能為個人帶來一種挫敗感。但是，不詳細記帳也不代表不清楚自己的財務狀況，像一些零散的小花費，可以用某種統一的符號代替；不想把每一項物品都詳細記錄的話，也可以將消費金額寫在相應的類別欄中。

自己能夠在記帳的過程中想到更適合自己的記帳方法無疑是最好的，但至少要對自己的經濟狀況有一定程度的了解、熟悉自己的經濟結構，只有先了解資金的來龍去脈，才能做好個人的經濟規

劃，避免成為經濟失控的「月光族」。

6.1.3　量入為出，「開源」之後巧「節流」

消費不是無上限的，不可能也不需要把看到的東西都買下來，在個人經濟消費中存在一個上限值，這個上限值是根據個人經濟能力（你的收入多少）來決定的，例如你每個月的薪水是三萬元，那麼你每月的消費最好控制在三萬元以內，做到這個也就等於做到了量入為出；在財政上尋求其他發展途徑增加收入、透過合理消費等方式節省開銷來管理經濟，也就是做到了開源節流。能夠做到開源節流的話，相信存錢也不再困難。現在，就一起來找出打通財富之路的竅門吧！

為自己增加收入的方法有許多，前面提到過可以發展第二職業、找打工、做一些個人投資等。

賺錢的管道有許多種，值得注意的是，不要被短期的利益所蒙蔽，從而放棄對自己本職工作的長遠規劃，也不要看到哪一行收入較高就往哪裡鑽，要學會相信自己的選擇。如果做一行丟一行，除了得到一段漂泊不定的日子外，沒有學會任何技能。手裡沒有一項技能的話，就等於失去了一張高收入的通行證，到頭來吃虧的還是自己。

找到「開源」的方式後，「節流」也需要加緊腳步了。許多與綠色環保有關的專欄上都提過「節約資源」這個話題，可行的方法也有很多，例如洗米水留下來澆花、隨手關燈等。對個人經濟財富

同樣如此，總有其可行的節約方法。眾所周知，用洗米水澆花就是
一種對於資源的再利用，把這種方式運用到個人的生活消費中，就
是對於非一次性使用的物品，要盡可能地延長它的使用壽命，如毛
巾、襪子這類個人物品，沒必要用幾天就換掉，像瓷碗、瓷器這類
物品，只要沒有打碎或遭到損壞，就可以循環利用，不浪費資源，
也很環保（圖 6-6）。

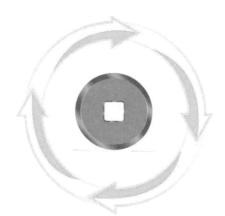

圖 6-6　節流，讓經濟「綠色循環」

　　值得注意的是，節省並不等於摳門。需要用的東西是省不下來
的，對於經常用得到的物品，可以選擇少買，但是應買品質較好
的，這樣，除了能提高個人的生活品質，也能夠延長物品的使用壽
命，減少花錢的機會。人們常說「三觀要正」，這其中當然包括了
對金錢的看法，要成為金錢的主人而不是它的奴隸，就得把錢花在
「刀口」上。

　　對於上班族來說，叫外送或者在外面吃飯遠不如自己在家煮來

得划算，雖然會消耗一些時間，但無論是從健康還是從省錢的角度來看，自己動手都是不錯的選擇，也算是一種體驗生活的樂趣；對於自己囤積的一些已經沒有用處的物品，如果還有使用價值，先不要急著丟掉，可以當作二手貨處理賣掉，或者自己動手進行舊物品改造。一些看起來沒有用處的東西，經過一番改造，往往可以蛻變成一件令人讚嘆的藝術品（圖6-7），還省下了買居家裝飾品的錢，同時，在你的精心打造下，也賦予了一件物品獨特的意義。

圖 6-7　DIY 捲紙手工藝品

　　要想節省資金，就要養成良好的習慣，在平時就懂得有意識地累積財富，分辨該買的和不該買的東西，學會比較同類商品，挑選適合自己的東西（會買東西也是需要經驗和技巧的，需要你多多實踐）。無論你的家境如何、薪水如何，養成節約用錢的習慣總是好

的，不需要做到連零頭都精打細算，但至少不去大肆地鋪張浪費。一旦習慣了舒適和享受，等到錢用得山窮水盡時再想由奢入儉，就沒那麼容易了。讓收入和支出維持正比，才能產生你的「私人金庫」。

買東西時做好長遠打算，盡可能延長物品的使用壽命；可以回收再利用的物品就不要隨意丟棄；有空閒時間可以利用那些廢棄的易開罐、西卡紙、布料等做些自己喜歡的手工品……省錢的方式可謂多種多樣，只要你願意，總能找到途徑。當然，最省錢的方法還是照顧好自己的身體，不用去醫院成為「待宰的羔羊」，還能為自己省下患病時的痛苦（圖6-8）。

圖6-8　維持自己的身體健康

6.2 理財，從簡單開始

只知道花錢？ 會理財嗎？ 許多人總是感嘆自己與財富無緣，財富不肯青睞自己、總是抓不住財富、每個月的收入只有固定的薪水，需要支出的項目卻是各式各樣……你也許每個月都小心地節省、消費合理得不能再合理，但是收入有限，想累積財富還是充滿了困難。

其實，除了人能生錢，錢也可以生錢！ 所謂理財，概括來說，就是經營自己的財產。大多數人談理財時，不免會想起股票、基金這類概念比較複雜的話題，但理財也可以是一件很簡單的事情，例如樹立正確的理財觀念，開始銀行儲蓄，提升自己的信用卡額度。學會輕鬆理財，跟過去那個只懂得消費、不懂得投資的自己說拜拜吧！

6.2.1 正確對待理財，加強理財意識

許多人覺得理財投資是那些有錢人才會做的事情，實則不然。理財的目的不在於要賺很多錢，而在於使將來的生活有保障或生活得更好，它可以說是一種對未來的經營和管理。因此，這是每個人都要做的。俗話說：「你不理財，財不理你。」想要吸引財富的青睞嗎？ 現在就為自己樹立一個正確的理財觀念，開始你的理財之路吧！

很多人都抱持一種「會理財不如會賺錢」的想法，覺得自己能賺大錢就好，不會理財也無所謂。其實不然，理財能力跟賺錢能力

ㄟ！菜鳥仔
凱瑞你斜槓，開外掛，放大絕
｜職｜場｜求｜生｜攻｜略｜

往往是相輔相成的，一個高收入的人，應該有更好的理財方法來打理自己的財產，讓自己的資金得到高效的運轉。理財跟性別沒太大關係，作為一個獨立生存的個體，應該具有管理和運用個人經濟的能力，這樣一來，即便真的遇到了什麼事，也可以不用去依賴其他人。

理財是一種長期計畫，想要合理地支配自己的金錢，就要做好預算，而預算的前提，是要理清自己的資產狀況，想清楚了解自己的資產狀況，最簡單有效的辦法，就是前面提過的——學會記帳，只有在理性分析過自己的資產狀況後，才能做出客觀實際的理財計畫。其次就是做好目標和規劃（圖6-9）。

圖6-9　為自己定下一個經濟目標

不只是工作需要目標，理財也同樣需要，弄清楚自己最終希望達成的目標是什麼，不光為自己制定目標，還要考慮這一目標是否

可行。理財規劃就是為了你的理財目標而生的，如一年之內要完成多少增值收入，可以將這些目標列成一張清單，再按重要程度替目標分類。

有充足的資金、每月都有餘額、有一個經濟目標、有相應的投資計畫後，便可以開啟你的理財之路了，這樣做也是為了有備無患，盡可能降低投資的風險。

說到理財中存在的風險，因為無可避免，所以個人在投資時也需要保持一個好的心態，假如一遇到虧損就開始切換「暴走模式」、怨天尤人或者長時間陷入情緒低迷，對於這樣的人，理財將會成為他的一場災難。

如果想要理財又害怕大的風險，可以從投入資金較低的理財產品開始，盈利和虧損大致是成正比的，低投入也會相應地降低風險，當然，報酬也相應地降低了。對於較謹慎的理財新手來說，這無疑是一個好的選擇。

你可能會認為，自己雖然不懂理財，但也不至於到月底把錢全部花光，有時還能剩下一些錢，因此不需要理財。其實不然，無論你的收入是否充足，都很有必要理財，因為理財不光是管理你現在的財富，也是在投資你的未來。理財的方式有很多種，有些理財方式風險較低，增值較慢，例如把錢存入銀行；有些理財方式往往收益很高，時間也快，但是風險也大，例如炒股票、基金。不能保證你穩賺不賠，但有些可以預見的風險還是要避免，理財產品的預期收益不能代表實際收益。

ㄟ！菜鳥仔
凱瑞你斜槓，開外掛，放大絕
職｜場｜求｜生｜攻｜略

在購買理財產品時，應仔細閱讀投資合約，做好相應的判斷。有回饋當然也有一定的風險。選擇自己經濟能夠承擔的理財方式，進行適當的資金投入。例如你每月薪水都會剩下三成，那麼你可以將其中的一成五拿出來理財，剩餘的一成五留在家中作為備用資金，遇到一些突發狀況可以拿來應急。

合理的理財能加強你抵禦風險意外的能力，也能提升你的生活品質。

工作收入是以人賺錢，理財收入是以錢賺錢。對於不同收入、不同職業的人，由於抗風險能力各不相同，選擇適合自己的理財方案尤為重要。

理財就是理生活，對自己的經濟負責，就是對自己的人生負責。許多人覺得自己剛剛步入社會，要用錢的地方很多，存錢理財有難度，還不如等工作比較穩定時再開始。其實，理財不分多寡，重要的是要有一種理財的意識，不要告訴自己「我沒財可理，所以不用理財」，要告訴自己「我要學會理財，從現在開始理財」，這樣，一點點的小錢也能透過你的精心打理，從一顆幼苗成長為參天大樹（圖 6-10）。

圖 6-10 理財，將經濟的幼苗培養成大樹

6.2.2 銀行儲蓄，最容易的理財方式

理財分為三大類，一類是銀行儲蓄；第二類則是證券理財（一般包括股票、基金、商品期貨、股票指數期貨、外匯期貨等）；第三類是投資公司理財（一般包括信託基金、黃金、珠寶、鑽石投資等，需要的起步資金較高）。

銀行儲蓄算是一般上班族最簡單易行的理財方式了，相信許多職場新人也是理財新手，不妨從銀行儲蓄開始，叩響理財的大門。

多年來，銀行儲蓄作為一種傳統的理財方式，早已根深蒂固於人們的思想觀念之中，經常能看到一些老爺爺、老奶奶拿著一本存摺在各大銀行裡穿梭的身影，加上各式各樣的新型理財觀念及方式不斷湧現，許多年輕人因此覺得銀行儲蓄是一種比較老土、落後的

理財方式。其實，銀行儲蓄也有撇步，只要妥善運用，你的收益將
會大為改觀（圖6-11）。

圖 6-11　銀行儲蓄也有「撇步」

　　身為上班族，是否還將你的薪資白白浪費在戶頭裡呢？ 一般
的薪水帳戶都是利率很低的活期存款，每月都將大量的薪資留在戶
頭內，無疑會讓你損失一筆不小的財富，不妨將每月收入的百分
之十到百分之十五提取出來，做一個一年期定期存款，每月都這麼
做，一年下來，你就會有十二份一年期的定期存款，從第二年起，
每個月都會有一份定存到期。如果你有急事，可以取出來使用，也
不會損失存款利息；如果沒有急用，這筆錢可以自動續存，而且，
從第二年起，可以把每月要存的錢添加到當月到期的定存中，重新
做一份定存，繼續滾動存款（圖6-12）。

圖 6-12　每月定期儲蓄，把時間變為金錢

　　用這種方法，既能靈活地使用存款，又能得到定期的存款利息，是一種兩全其美的方法。如果你害怕麻煩，不想每個月都往銀行跑，可以在一開始辦理業務時就設置自動扣款，這樣，在你每月薪資穩定的情況下，你銀行卡裡的那部分錢就會自動存入銀行。假如你這樣堅持下去，日積月累，就會擁有一筆不小的存款。

　　把一筆資金按照由少到多的方式拆分成幾份，分別放入銀行定存，這也是玩轉銀行利息不錯的方法，使用這種方法，不僅利息會比存活期儲蓄高很多，而且在取出時，也能將損失降到最低。比如你有一筆三十萬元的資金，把它分成五萬、十萬元、十五萬元三份，分別做一年期定期存款，假如在一年未到期時，你需要五萬元的急用資金，那麼你只須把三筆定存中的一萬元取出，另外兩筆的利息收入不會受影響。

　　這種將資金拆分存款的方式，比起將一大筆錢直接放入銀行定存，前者無疑更為靈活方便，既能滿足你的用錢需求，也能最大限度地得到利息收入（這種方法適用於在一年內有可預存的錢，但不確定何時使用和一次用多少的小額閒置資金）。在進行銀行儲蓄之前，先根據自身情況了解各類銀行的利率等資訊，幫助自己更好地理財。

　　除了以上兩種儲蓄的方法，還有一種利率嚮導法，也是當下較為適用的方法。利率嚮導法是指利用國家總體經濟政策，合理選擇存款週期。如果央行存在加息可能性，可以選擇較長期的存款期限；相反，如果央行有降息可能，存款期限應以中短期為主。如此一來，投資者可以趕上央行政策調整步伐，規避利率風險。

　　靠投資起家的華倫·巴菲特曾說：「一生能夠累積多少財富，不取決於你能夠賺多少錢，而取決於你如何投資理財並妥善管理。錢賺錢遠遠勝過人賺錢，要懂得讓錢為你工作，而不是為了錢拚命地工作。」好的存錢習慣應該是讓手裡的閒錢充分運轉起來，而不是讓錢閒置在一邊。不管錢多錢少，只要是閒錢，就應該被好好利用，讓錢透過時間的複利來生錢（圖 6-13）。

圖 6-13　理財有方，走好經濟這步棋

6.2.3　信用卡額度，你調升了多少？

關於信用卡，相信大部分職場新人都有一張甚至已經有了好幾張，信用卡額度就是指你的信用卡可以使用的最大金額，信用卡額度會隨著每一次的消費而減少，隨著你每一期的還款而相應恢復。其實每一張信用卡都有一個隱藏的溢繳額度，當你刷爆信用卡時，就容易動用溢繳額度，而一旦使用溢繳額度，就意味著要支付高額的溢繳費。很多人在購物的過程中並不能把握好這個額度，經常出現刷爆信用卡的情況，因此，提升信用卡額度也變得很有必要。

隨著信用卡消費成為越來越大眾化的一種消費方式，信用卡額度過低也成為不少刷卡族心中的痛，提升信用卡額度已成為許多職場新人關注的焦點問題，那麼，信用卡額度應該怎麼提升呢？

首先，可以靠次數取勝：頻繁使用信用卡，無論金額，只要能刷卡的地方就刷卡消費（圖6-14），最好能每月差不多刷完所有額度，半年後再調升額度；其次，靠金額取勝——每月產生的帳單消費情況至少是總額度的三成以上，有時候你可能會遇上一些較大的花費，例如過節、旅遊、出差等，一般情況下，你會選擇用自己的存款來消費，但這其實也是你提升信用卡額度的好時機，你可以申請臨時額度，會比較容易被批准，而且使用臨時額度同樣可以為信用卡累積積分；持續撥打銀行的官方電話來申請調升額度，有時候，對於不同的客服申請，也會得到不同的處理（其實是碰運氣的方法）。此外，調升的時間也很重要，在帳單日或者在信用卡剛剛刷爆的時候申請最有效，刷卡消費的帳單需連續三個月不能中斷，即每月都要有消費。

圖6-14　增加刷卡消費的次數

　　現實生活中，一些不法分子打著提升信用卡額度的幌子，稱能夠幫你快速調升額度並且只收取所升額度百分之幾的手續費，透過網路消費幫你調升，問你信用卡密碼以及一些相關的重要訊息，當你一一告知後，你就成功地被騙了——不法分子會大搖大擺地刷光你卡裡的錢，然後澈底消失——無論你是透過電話還是 LINE 等與其聯繫，都找不到對方了。這樣一來，不僅信用卡額度沒有提升，反而還加重了你的債務。這類不法分子經常用電話改號軟體使接聽者的來電顯示為信用卡中心電話，或發送釣魚網頁，然後再冒充銀行工作人員，以信用額度升級為由，騙取信用卡資訊後盜刷。

　　所以調升信用卡額度最好還是走正規程序，不要因為急著用錢或是其他原因，輕易中了詐騙集團的把戲（圖 6-15）。

圖 6-15　警惕信用卡騙局，保護財產安全

在如今這個信用卡氾濫的年代，一些人的理財觀念也隨之迎來

了一種全新的轉變，這也許是一種偏頗的理解——手上沒錢了沒有關係，還可以透支信用卡，反正這只是暫時的，到了下個月領了薪水，就可以把它補回來，所以現在想買的還是可以買。一旦抱持這種想法，並且理所當然地透支，就很容易形成「負債——還債——繼續負債」的輪迴，到最後負債越來越多，你的薪水一發下來就得乖乖地交給信用卡，你的個人位置也從金錢的主人變成了金錢的奴隸，到了這時，你哪還有多餘的心情和資本去管理財富呢？

因此，信用卡再好、提的額度再高，也不要忘了讓它處在你經濟可控的範圍內。一張高額度的信用卡不能代表一切，能夠保證自己按時全額還款，是你調升信用卡額度的關鍵。畢竟「信用卡」刷的不僅是錢，更是你的信用。

6.2.4 手機銀行，學會「掌」握你的財務

時間在如今講求高效率的社會中，變得愈加珍貴，越來越多的人已經無法耐心地坐在銀行裡等待辦理業務了，社會應對人們的需求，也做出了相應的變革，於是手機銀行出現了（圖 6-16）。手機銀行利用行動網路及終端來辦理相關銀行業務，它不僅可以使人們在任何時間、任何地點處理多種金融業務，也透過傳統和創新相結合的方式，極大地豐富了銀行服務的內涵。作為職場新人的你，也不要錯過了這種管理財務的「新技能」，趕緊學起來，跟上時代的腳步吧！

圖 6-16　手機銀行——財富一手掌握

　　有許多人將手機銀行和網路銀行混淆在一起，其實，兩者是有區別的。手機銀行是透過手機辦理轉帳業務，網路銀行是透過電腦辦理網路銀行業務。網路銀行按照系統內百分之零點二五，系統外百分之零點五收取費用，而手機銀行辦理業務是不用錢的。開通手機銀行的方法很簡單，你可以透過銀行網站、手機網站兩種方式來註冊，也可隨時到銀行營業據點辦理正式手續，透過 SIM 卡和帳戶雙重密碼確認後，即可操作。

　　開通手機銀行之後，就可以用手機代替綁定的銀行卡來支付。只要帶著手機，就可以進行網路上的一切消費；此外，還可以用來加值。既簡單方便，安全性也相對良好（圖 6-17）。

圖 6-17　手機銀行，個人的「行動」銀行

　　手機銀行功能豐富，理財當然也不在話下，手機銀行中有上百種緊跟市場動向的投資理財產品任君選擇，如果你想要透過手機銀行購買相關的理財產品，可以先點進去查看具體的期限、金額、預期收益率等資訊，做好風險評估，看看是不是保本的理財方式，由誰來進行擔保。對於一些理財產品的近期趨勢圖及已購買者的評價，都可以清楚地看到，當你購買理財產品之後，也可以查詢即時動態。

　　現在，為了推廣手機銀行，各大銀行也是費盡了心思，紛紛提升理財產品的收益以拉攏客戶，各類理財產品的花樣也層出不窮。雖然對於相對傳統的銀行理財來說，手機銀行的理財收益更高，但也不是全無風險。現在銀行也有很多理財項目是不保本的，銀行將一些內部評等較低的投資項目的風險直接轉移到沒有受過任何專業訓練的業餘投資者身上，出了問題看合約，銀行是免責的。因此個人需要慎重，覺得合適再購買。面對理財市場上這一片繁花似錦的

熱鬧景象，你也需要懂得自我克制，不要看到某一類理財產品眼下有利可圖，就沖昏頭地開始盲目投資。在手機銀行幫助你完成多方面的理財、為你的生活帶來方便和精彩的同時（圖 6-18），也需要留意它的弊端。

圖 6-18　手機銀行，豐富你的生活

　　總而言之，手機銀行的出現，極大地方便了人們的生活。除了存提款，人們不用再去銀行排隊等候辦理業務了，轉帳、查詢交易、外匯買賣等都可以一手搞定，只要隨身攜帶可以上網的手機，無論何時、身在何處，都可輕鬆管理帳戶、打理財務、繳納費用，加上你的理財頭腦，便可讓財富盡在「掌」握之中。一個能夠掌握自己財富的人，又何懼會成為「月光族」呢？

電子書購買

爽讀 APP

國家圖書館出版品預行編目資料

職場菜鳥打破框架，開創未來：ㄟ！菜鳥仔，凱瑞你斜槓，開外掛，放大絕，職場求生攻略 / 劉里峰 著 . -- 第一版 . -- 臺北市：沐燁文化事業有限公司, 2024.01
面； 公分
POD 版
ISBN 978-626-7372-15-9(平裝)
1.CST: 職場成功法
494.35　112021402

職場菜鳥打破框架，開創未來：ㄟ！菜鳥仔，凱瑞你斜槓，開外掛，放大絕，職場求生攻略

臉書

作　　　者：劉里峰
發 行 人：黃振庭
出 版 者：沐燁文化事業有限公司
發 行 者：沐燁文化事業有限公司
E - m a i l：sonbookservice@gmail.com
粉 絲 頁：https://www.facebook.com/sonbookss/
網　　　址：https://sonbook.net/
地　　　址：台北市中正區重慶南路一段六十一號八樓 815 室
Rm. 815, 8F., No.61, Sec. 1, Chongqing S. Rd., Zhongzheng Dist., Taipei City 100, Taiwan
電　　　話：(02) 2370-3310　　　傳　　　真：(02) 2388-1990
印　　　刷：京峯數位服務有限公司
律師顧問：廣華律師事務所 張珮琦律師

定　　　價：420 元
發行日期：2024 年 01 月第一版